KB270290

FASHION
HAND KNIT

정장 & 캐주얼 패션 손뜨개

임현지 저

예신 Books

F.o.r.e.w.o.r.d [머리말]

섬유 기술이 급속도록 발전함에 따라 신소재가 많이 나오고 나만의 독창적이고 개성적인 감성을 표현하고자 여러 가지 표현 방법을 찾고 있다.

첨단 소재를 통한 미래 지향적인 감각과 함께 복고의 바람도 불어 니트가 다시 유행하기 시작하는 요즘, 코바늘과 대바늘을 이용해 나만의 개성을 살려 니트 정장을 만들어 입는다면 세상에서 하나뿐인 멋진 명품으로 자랑할 수 있을 것이다.

난이도가 높긴 해도 상세한 도면을 참고하여 작품을 뜨게 되면 누구든지 멋진 정장을 내 손으로 만들 수 있을거라 생각한다.

초보자에게 조금은 과감한 도전일지라도 자신만의 니트 디자인으로 거듭나는 기회를 갖는데 이 책이 좋은 길잡이가 되길 바란다.

책이 나오기까지 도움을 주신 출판사 사장님과 직원분들께 감사드린다.

임현지(jwy1266@hanmail.net)

C.o.n.t.e.n.t.s [차례]

Part **1**

캐주얼 정장 니트

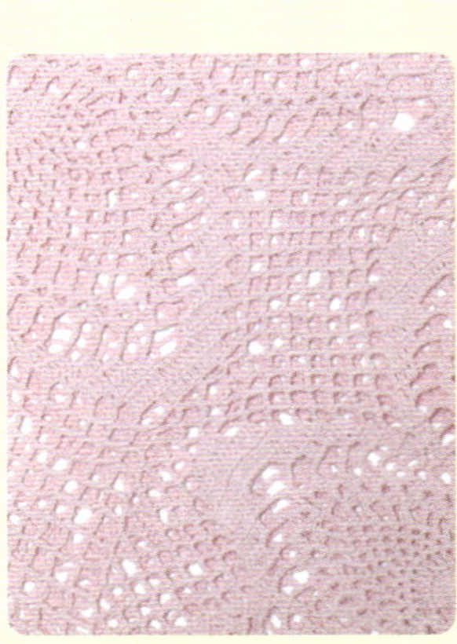

Part **2**

클래식 정장 니트

knit for you

Part 01
캐주얼 정장 니트

1

knitting

연회색 나염 점퍼 & 스커트

1. V넥 칼라는 긴뜨기로 뜨며 매 단마다 코를 늘려 칼라 넓이를 만든다.
2. 점퍼 단추 여밈단으로 X뜨기로 단뜨기하며 단추구멍을 만든다.
3. 소매단은 X뜨기로 단뜨기하고 가장자리는 짧은뜨기 1단, 되돌아짧은뜨기 1단 떠서 마무리한다.
4. 치마 밑단은 짧은뜨기 1단, 되돌아짧은뜨기 1단 떠서 마무리한다.

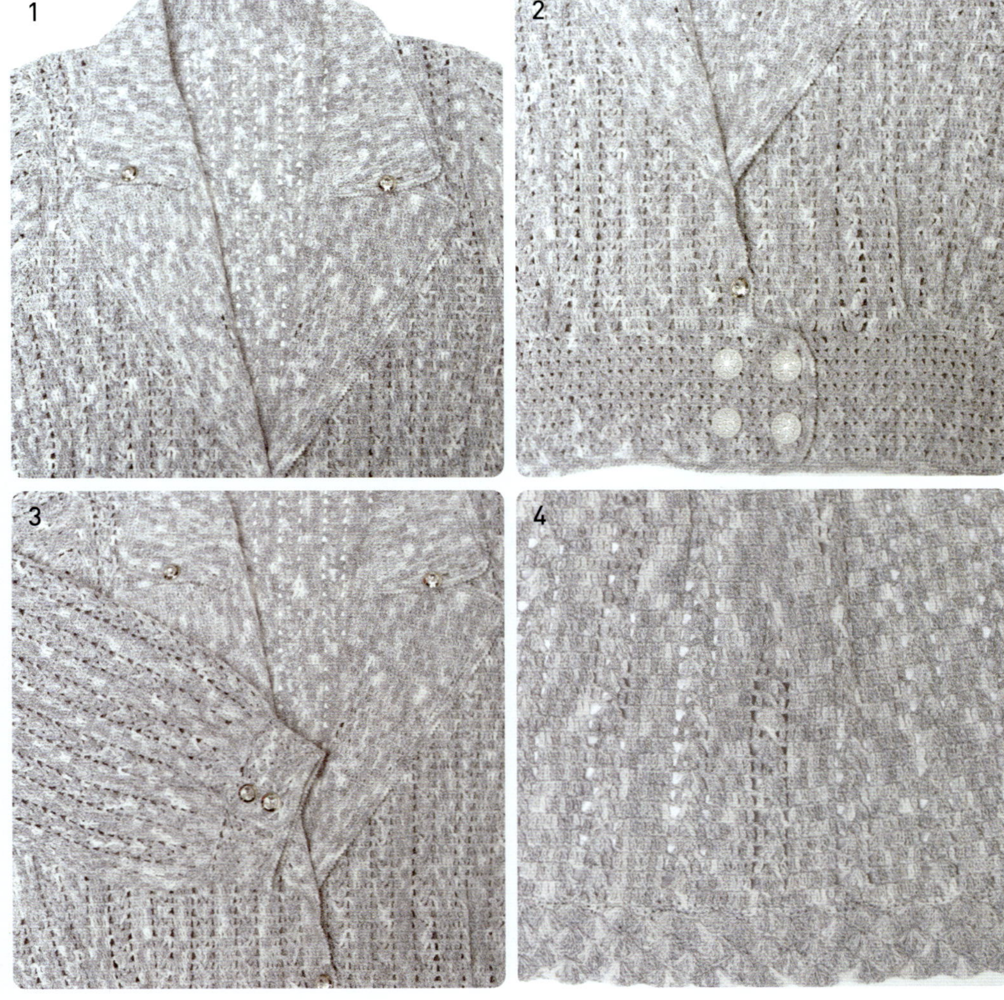

✛✛ 연회색 나염 점퍼 & 스커트

완성 치수

55 1/2 size

재료와 도구

실   썸머울(연회색 나염)

바늘   코바늘 2호

부속품 단추 8개, 고무밸트, 안감
조금

【점퍼】

1. 뒤판은 181코를 만들어 무늬뜨기 A로 30단을 뜨는데 양옆 가장자리는 평 5단 뜬 뒤 3단마다 1코씩 줄이기 9회하고, 도안 1을 참고하여 소매둘레를 만들어 준다.

2. 뒤판 60단까지 뜬 뒤 어깨코 29코만 1단 경사뜨기로 한다.

3. 23코 지점과 47코 지점, 123코 지점과 146코 지점에 각각 주름을 잡아준다.

4. 앞판은 사슬 97코를 만들어 무늬뜨기 A를 30단 뜨는데 옆 솔기는 평 5단 뜬 뒤 3단마다 1코씩 줄이기 9회하고, 앞 중심은 평 4단 뜬 뒤 2단마다 1코 늘리기 21회한다.

5. 앞판은 도안 2를 참고하여 뜬 뒤 앞·뒤 어깨와 옆 솔기를 붙여준다.

6. 칼라는 앞·뒤 어깨를 붙인 후 목둘레코 118코를 짧은뜨기로 1단 뜬 뒤 도안 3을 참고한다. 가장자리 코를 늘려주며 1길 긴뜨기로 12단 뜨고, 가장자리는 짧은뜨기로 1단 뜬 뒤 되돌아짧은뜨기 1단으로 마무리한다.

7. 허리 부분은 오른쪽 앞판 밑단 쪽에 실을 걸어 사슬 11코를 만들고 밑단 전체 277코와 사슬 11코 부분까지 짧은뜨기를 하는데 몸판 277코를 209코가 되게 줄여 준다.

8. ⑦이 끝나면 무늬뜨기 B를 9단 뜨는데 오른쪽 앞판 부분에는 단추구멍 4개를 만들어 준다. (도안 4 참고)

9. 소매부리는 사슬 14코를 만들어 무늬뜨기 B 32단을 뜬 뒤 한쪽면에 무늬뜨기 A 12무늬가 되게 2단 오픈해서 뜨고 3단째부터는 원통뜨기로 34단 뜬다.

10. ⑨가 끝나면 도안 5를 참고해서 소매산을 만들어 몸판에 붙인다. 점퍼에 모든 끝단 부분은 짧은뜨기로 1단 뜨고 되돌아짧은뜨기로 1단 떠서 마무리한다.

【치마】

1. 치마는 사슬 300코를 만들어 무늬뜨기 A 25무늬를 만들어 평 10단 원통뜨기하고 3단마다 13코, 12코, 13코, 12코 순으로 늘려 전체코 350코가 되게 하여 50단이 되게 뜬다.

2. 밑단은 짧은뜨기 1단 뜨고 뒤돌아짧은뜨기 1단 떠서 마무리한다.

3. 허리단은 시작 사슬 300코 부분에 짧은뜨기 1단 뜨고 긴뜨기 4단 뜨고 마친다.

4. 허리단에 고무밸트를 재봉 박음질하고 안감을 넣어준다.

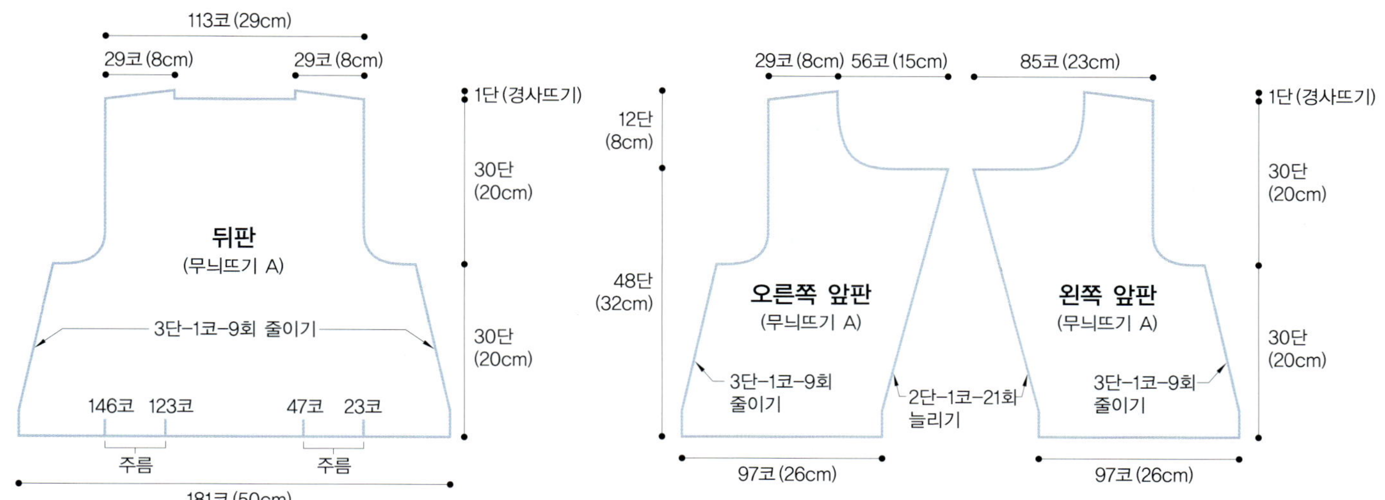

113코 (29cm)
29코 (8cm)
29코 (8cm)
1단 (경사뜨기)
30단 (20cm)
뒤판
(무늬뜨기 A)
3단-1코-9회 줄이기
30단 (20cm)
146코
123코
47코
23코
주름
주름
181코 (50cm)
29코 (8cm)
56코 (15cm)
85코 (23cm)
1단 (경사뜨기)
12단 (8cm)
30단 (20cm)
48단 (32cm)
오른쪽 앞판
(무늬뜨기 A)
왼쪽 앞판
(무늬뜨기 A)
30단 (20cm)
3단-1코-9회 줄이기
2단-1코-21회 늘리기
3단-1코-9회 줄이기
97코 (26cm)
97코 (26cm)

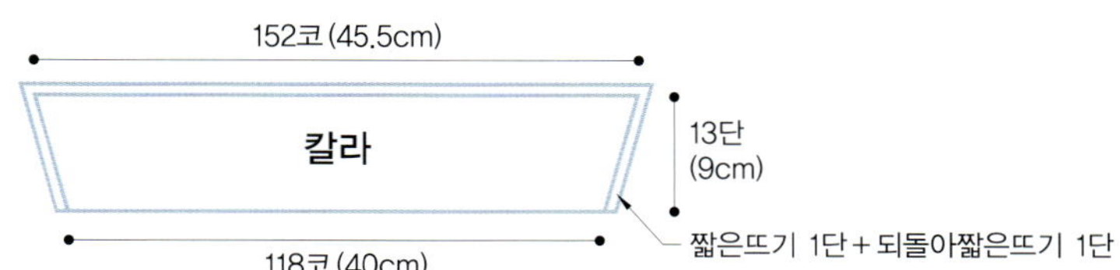

152코 (45.5cm)
칼라
13단 (9cm)
118코 (40cm)
짧은뜨기 1단 + 되돌아짧은뜨기 1단

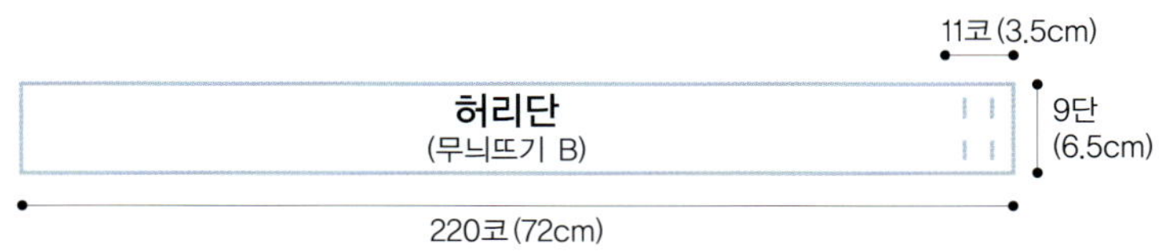

11코 (3.5cm)
허리단
(무늬뜨기 B)
9단 (6.5cm)
220코 (72cm)

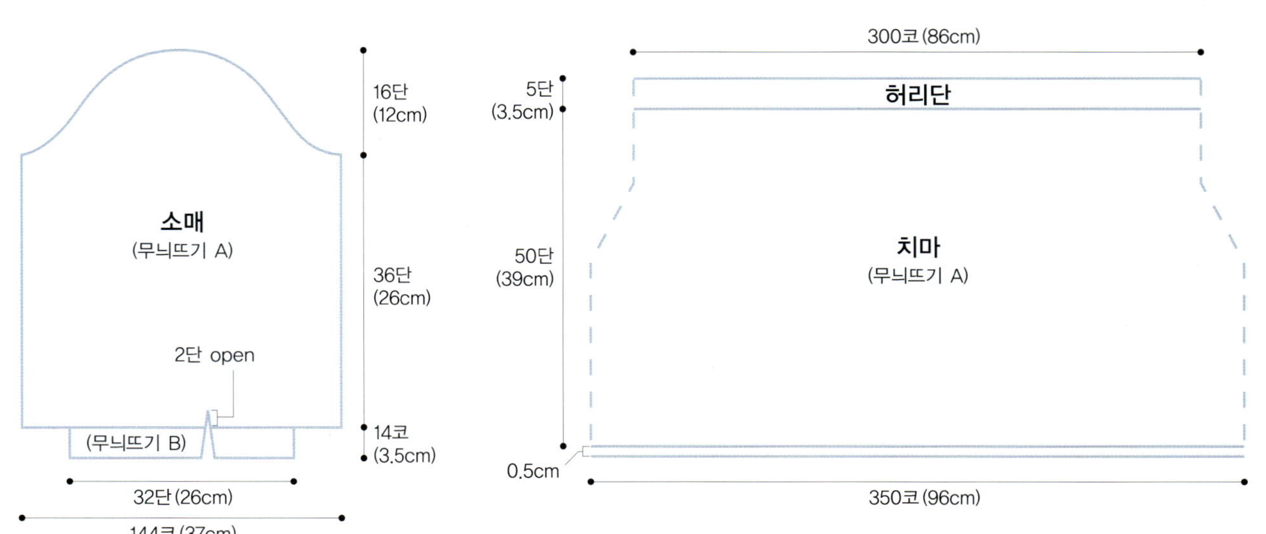

16단 (12cm)
소매
(무늬뜨기 A)
36단 (26cm)
2단 open
(무늬뜨기 B)
14코 (3.5cm)
32단 (26cm)
144코 (37cm)
300코 (86cm)
5단 (3.5cm)
허리단
50단 (39cm)
치마
(무늬뜨기 A)
0.5cm
350코 (96cm)

뒤 판 (도안 1)

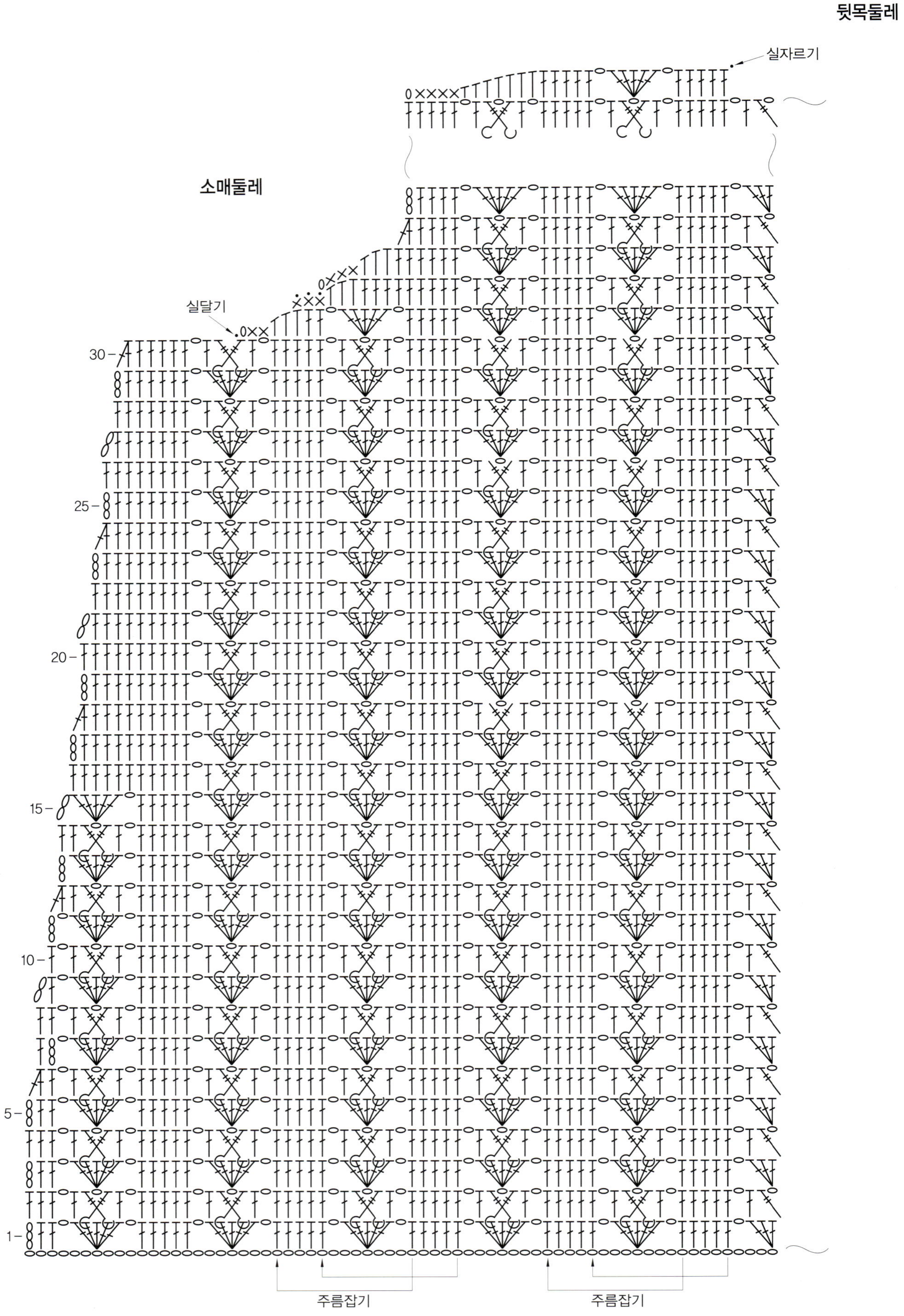

뒷목둘레

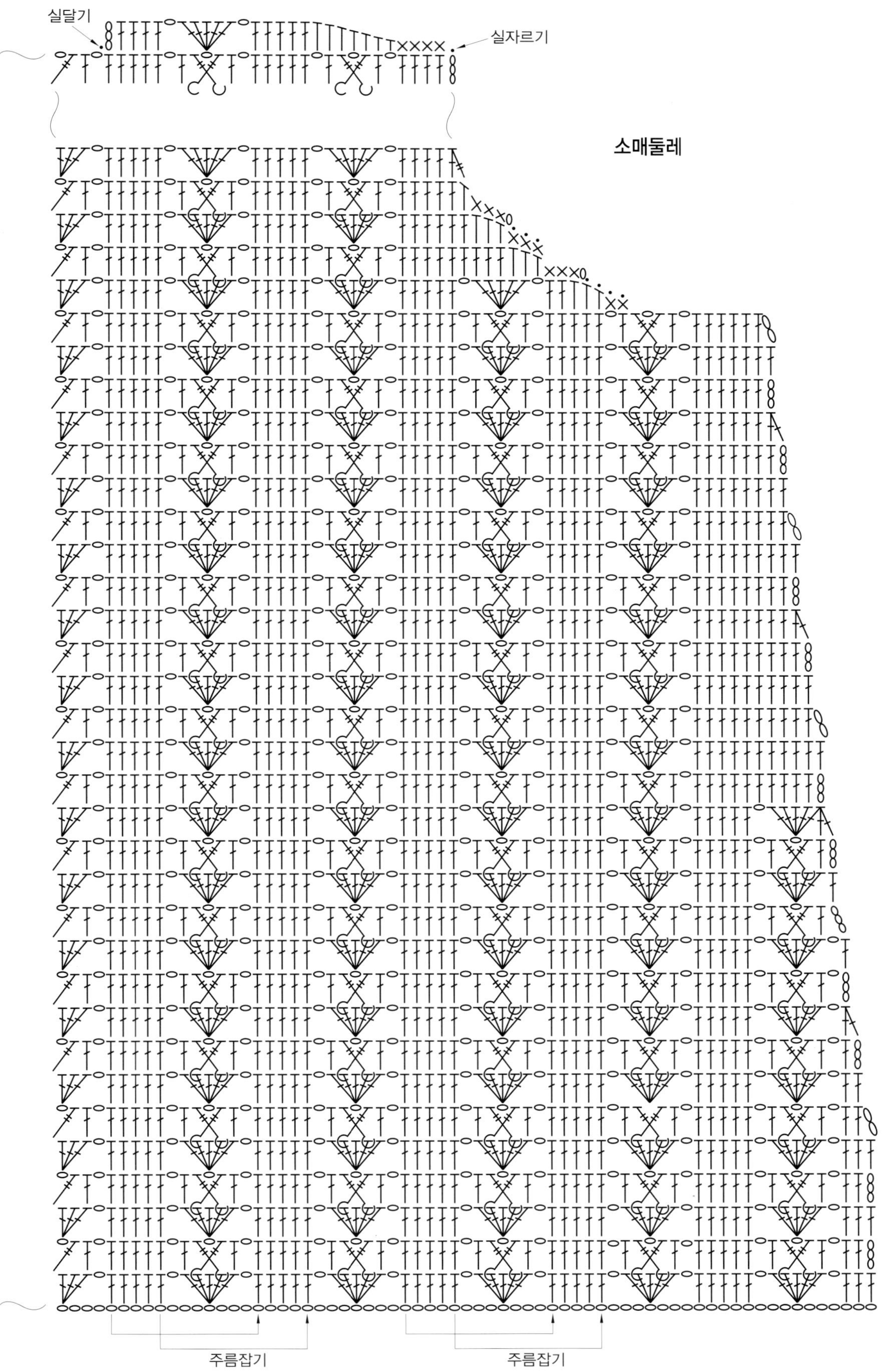
실달기
실자르기
소매둘레
주름잡기
주름잡기

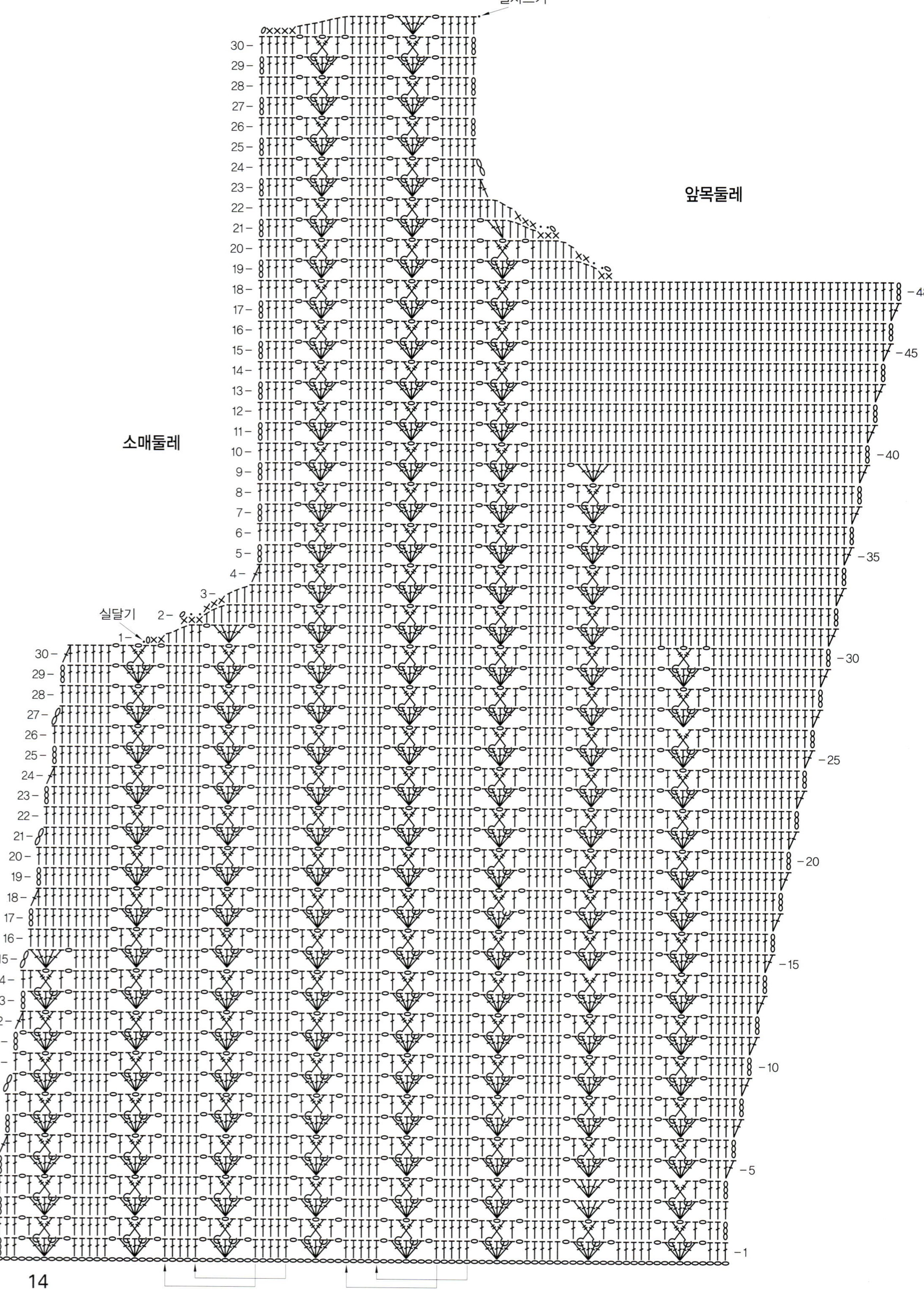

14

칼 라 (도안 3)

허리단 (도안 4)

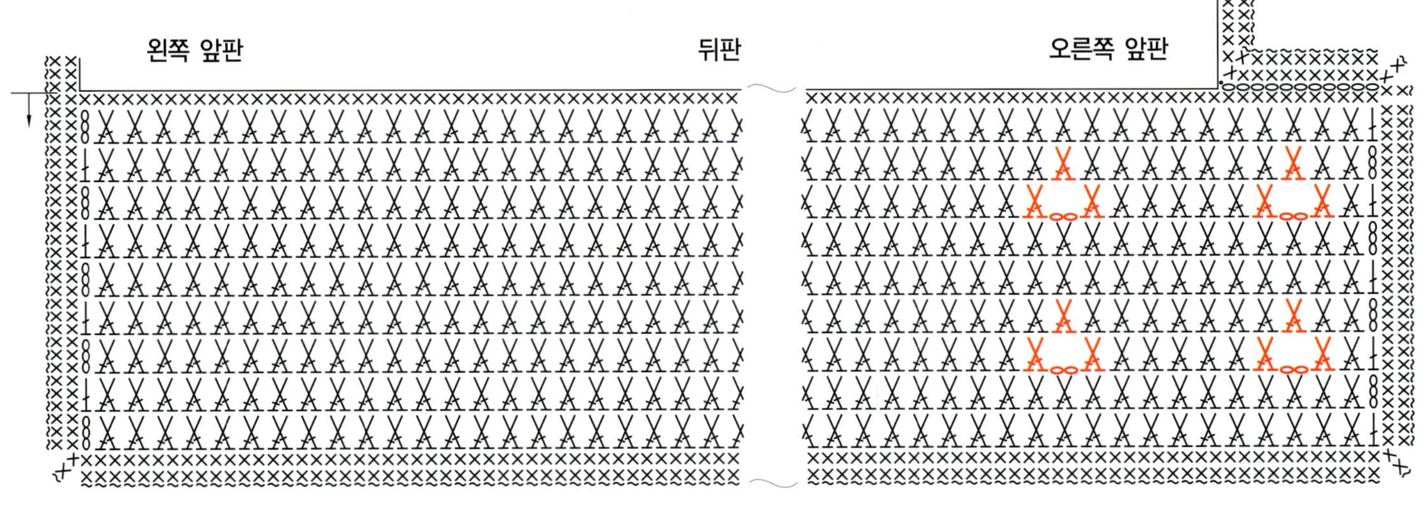

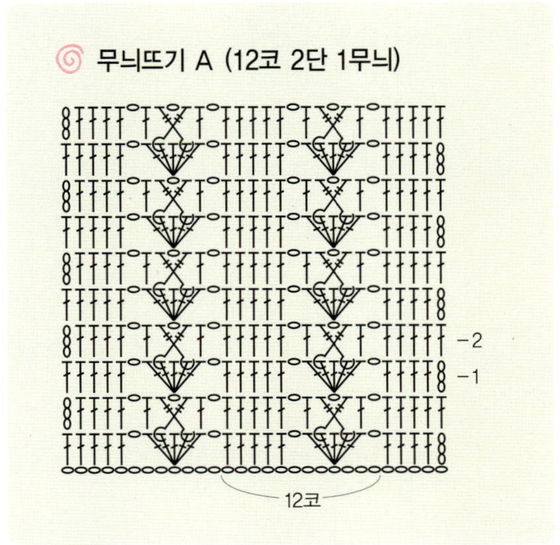

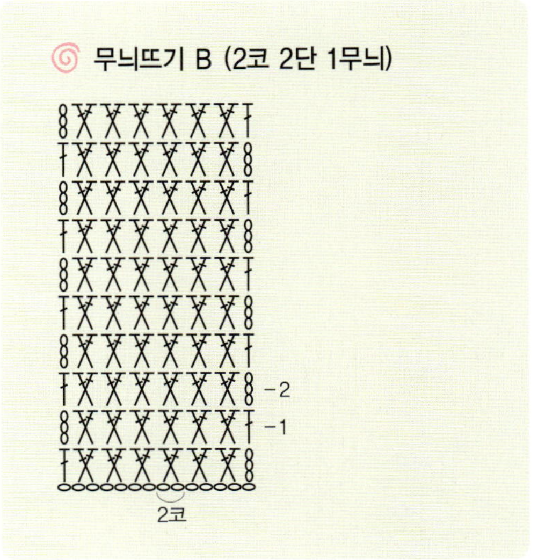

소 매 (도안 5)

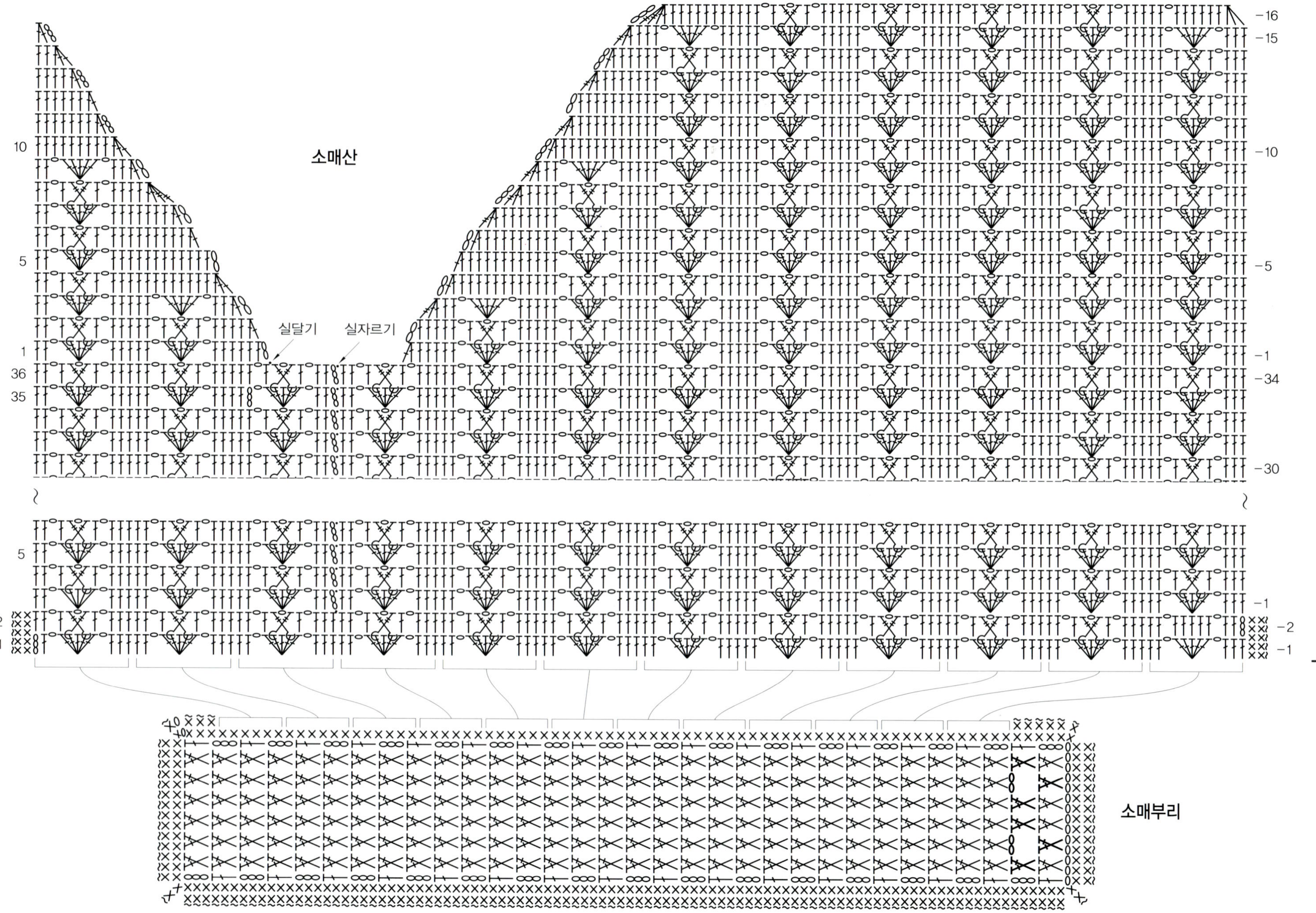

치 마 (도안 6)

⊙ 밑단 (1코 2단 1무늬)

1코

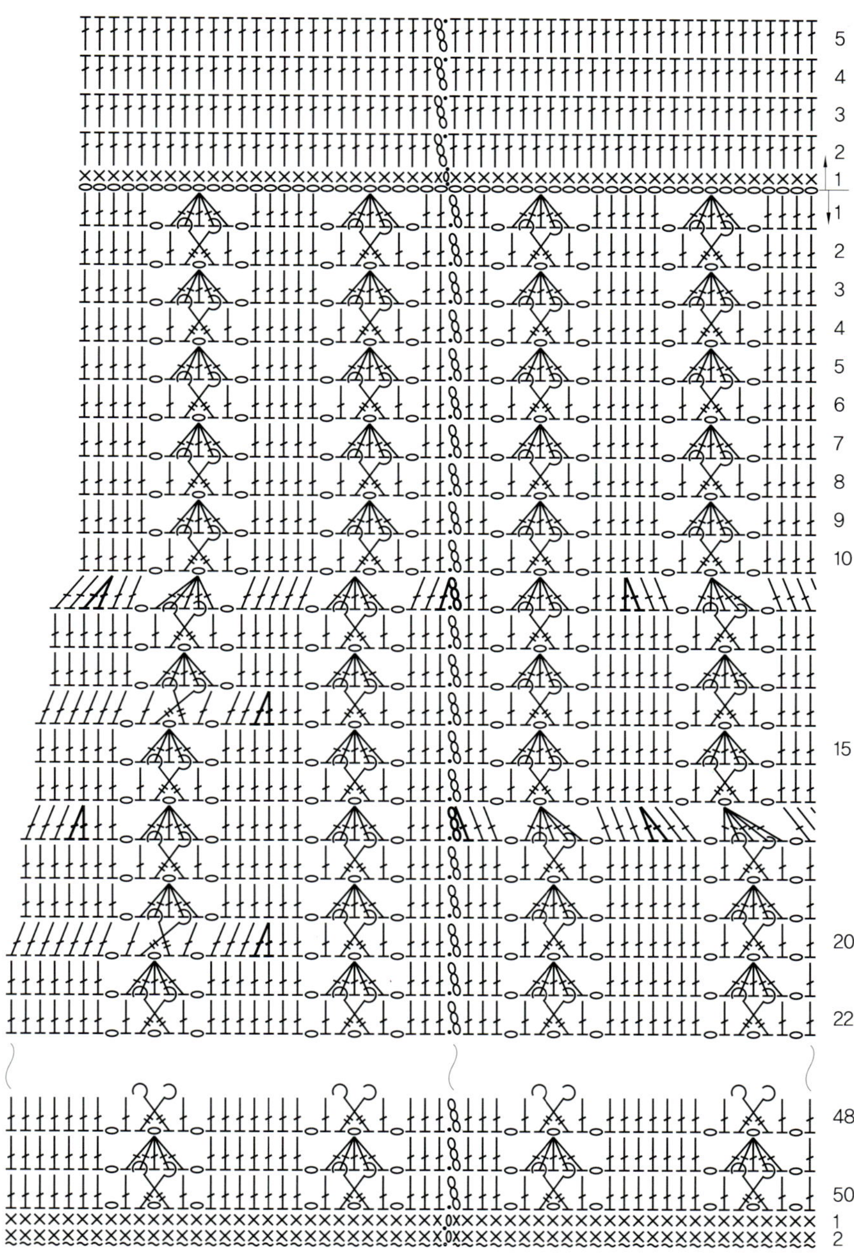

2 검정색 반팔 투피스

1. V넥 부분은 짧은뜨기+피코뜨기 1단으로 뜬다.
2. 몸판에 소매는 시침 후 코바늘 사슬뜨기로 붙여준다.
3. 윗옷 밑단은 무늬뜨기 B로 떠서 장식한다.
4. 치마 더블단은 무늬뜨기 A로 뜬 후 밑단은 무늬뜨기 B로 장식한다.

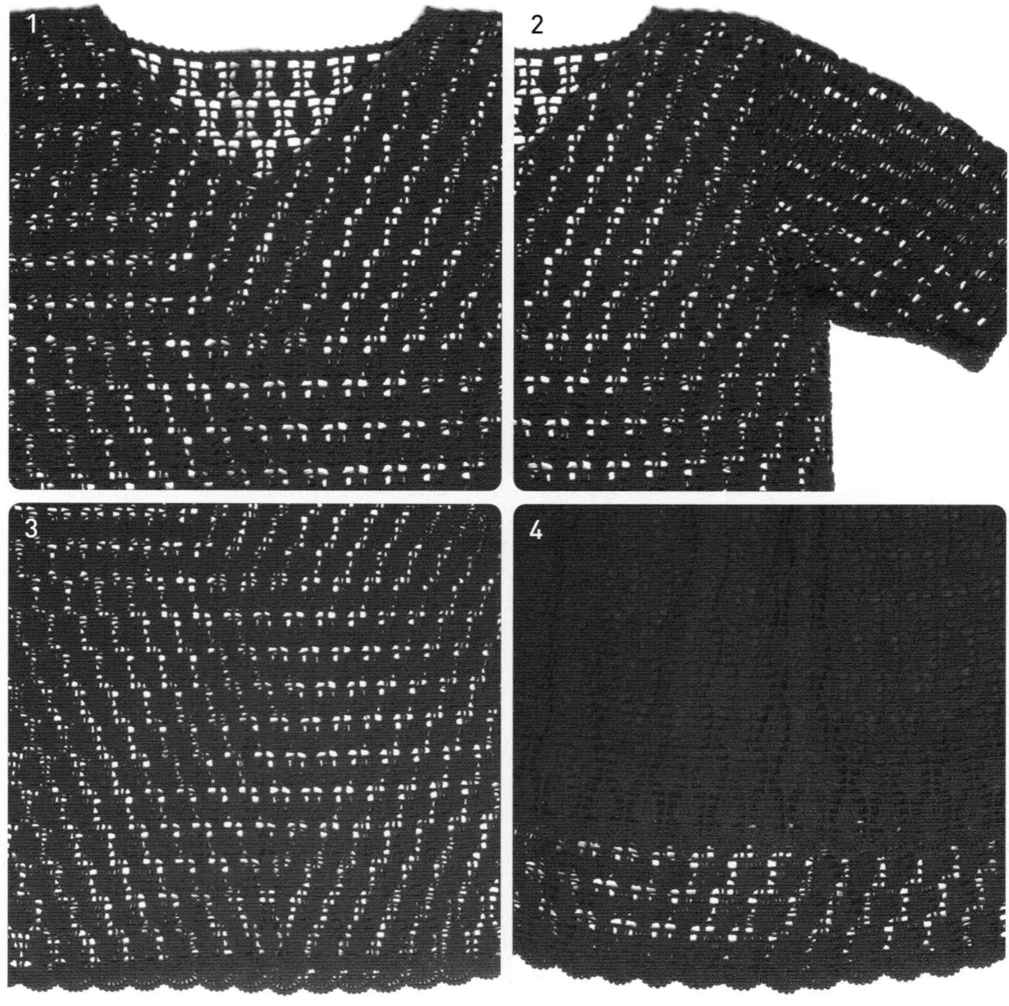

완성 치수

66 size

재료와 도구

실　쿨울(검정색)
바늘　코바늘 2호
부속품　고무밸트, 치마 안감

뜨 는 방 법

【윗옷】

①　뒤판은 사슬 169코를 만들어 무늬뜨기 A 14무늬＋1코로 시작해서 48단을 뜬다.

②　49단부터는 소매둘레를 만드는데 도안 1과 도안 2를 참고하여 뜬다.

③　뒷목둘레는 74단째 양 어깨코 31코씩(무늬뜨기 A 2.5무늬＋1코) 나누어주고 어깨코만 3단 더 뜨고 마친다.

④　앞판은 사슬 181코를 만들어 무늬뜨기 A 15무늬＋1코로 시작해서 48단을 뜬다.

⑤　49단부터는 소매둘레를 만드는데 도안 1과 도안 2를 참고하여 뜬다.

⑥　앞목둘레는 57단째 앞 중심을 1/2등분하여 만드는데 도안 2를 참고하여 뜬다.

⑦　앞·뒤판이 완성되면 어깨와 옆 솔기를 붙여주고, 목둘레단은 짧은 뜨기 1단 뜨고 피코뜨기 1단 떠서 마친다.

⑧　밑단은 무늬뜨기 B 29무늬를 만들어 원통뜨기로 떠서 마친다.

⑨　소매는 사슬 121코를 만들어 무늬뜨기 A 10무늬＋1코로 시작해서 19단을 뜨는데 도안 3을 참고하여 소매통 늘리기를 하고 15단을 더 떠서 소매산을 만든다.

⑩　⑨가 끝나면 옆 솔기를 붙여주고 밑단은 무늬뜨기 B 10무늬를 원통뜨기하여 마친 후 몸판에 달아준다. 똑같이 1장 더 떠서 몸판에 달아 완성한다.

【치마】

①　사슬 265코를 만들어 무늬뜨기 A 22무늬＋1코로 시작해서 60단을 뜨는데 45단째부터는 도안 4를 참고하여 옆 솔기를 줄여준다.

②　똑같이 1장 더 떠서 옆 솔기를 붙여 준다.

③　치마가 원통이 되면 허리단을 240코가 되게 주어 1길긴뜨기 7단을 뜬 후 고무밸트를 넣고 반으로 접어 감침질한다.

④　밑단은 무늬뜨기 B 44무늬를 떠서 마무리한다.

⑤　이중치마 중 속치마는 사슬 253코를 만들어 무늬뜨기 A 21무늬＋1코로 시작해서 20단 뜨기 2장을 떠서 옆 솔기를 붙인 후 안감에 박을 부분은 252코를 주어 1길긴뜨기 2단을 떠 준다.

⑥　⑤가 끝나면 밑단은 무늬뜨기 B 42무늬 떠서 마무리하고 1길긴뜨기 부분에 치마 안감을 박고 치마 허리단에 박아준다.

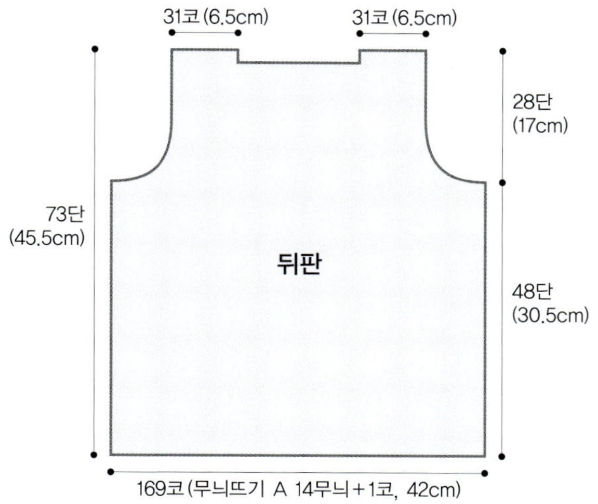

31코 (6.5cm)
31코 (6.5cm)
28단 (17cm)
73단 (45.5cm)
뒤판
48단 (30.5cm)
169코 (무늬뜨기 A 14무늬＋1코, 42cm)

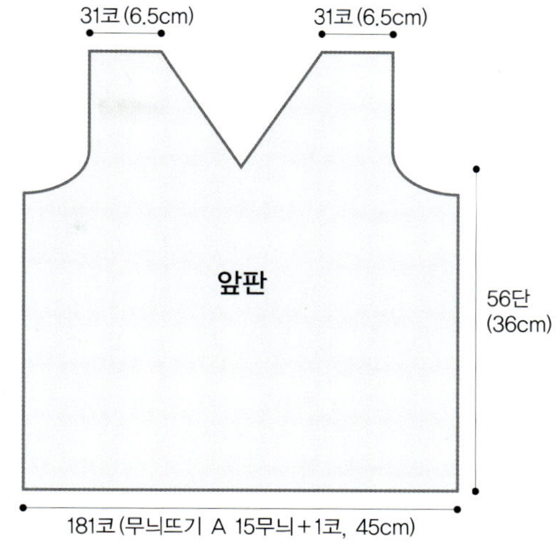

31코 (6.5cm)
31코 (6.5cm)
앞판
56단 (36cm)
181코 (무늬뜨기 A 15무늬＋1코, 45cm)

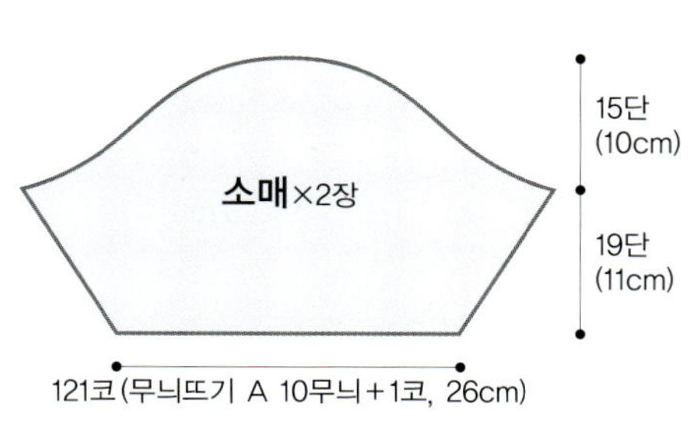

15단 (10cm)
소매×2장
19단 (11cm)
121코 (무늬뜨기 A 10무늬＋1코, 26cm)

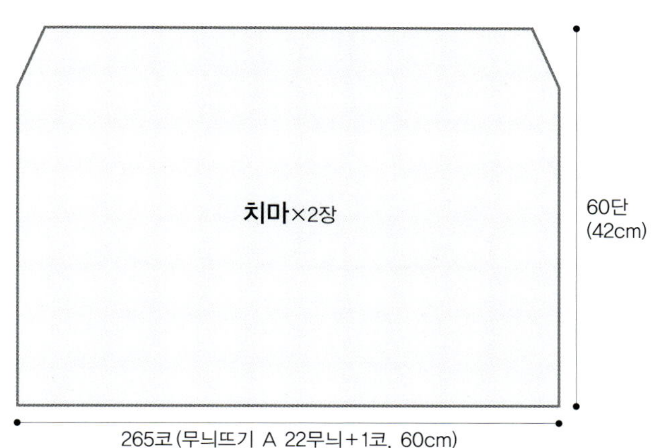

치마×2장
60단 (42cm)
265코 (무늬뜨기 A 22무늬＋1코, 60cm)

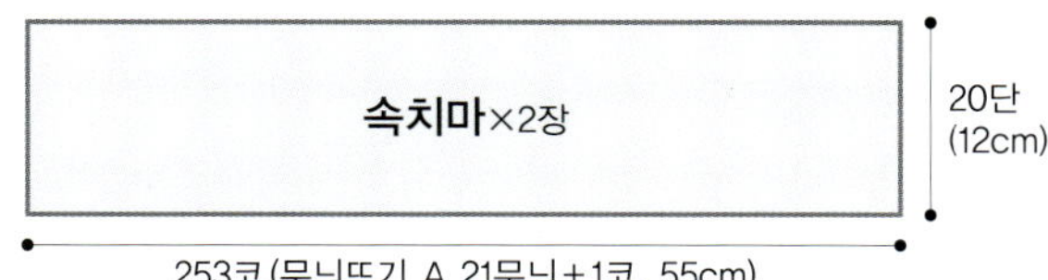

속치마×2장
20단 (12cm)
253코 (무늬뜨기 A 21무늬＋1코, 55cm)

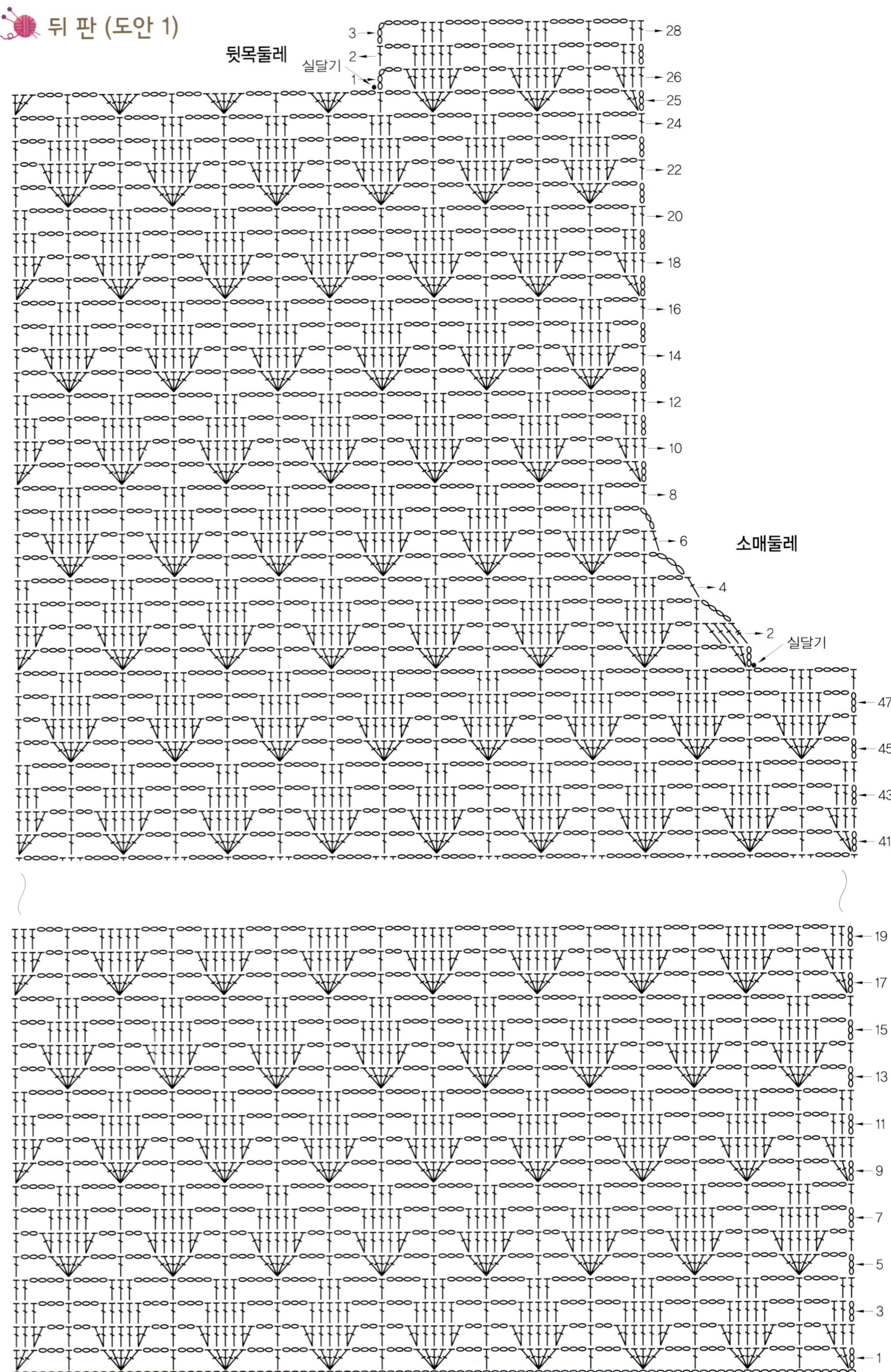

뒤 판 (도안 1)
뒷목둘레
실달기
소매둘레
실달기

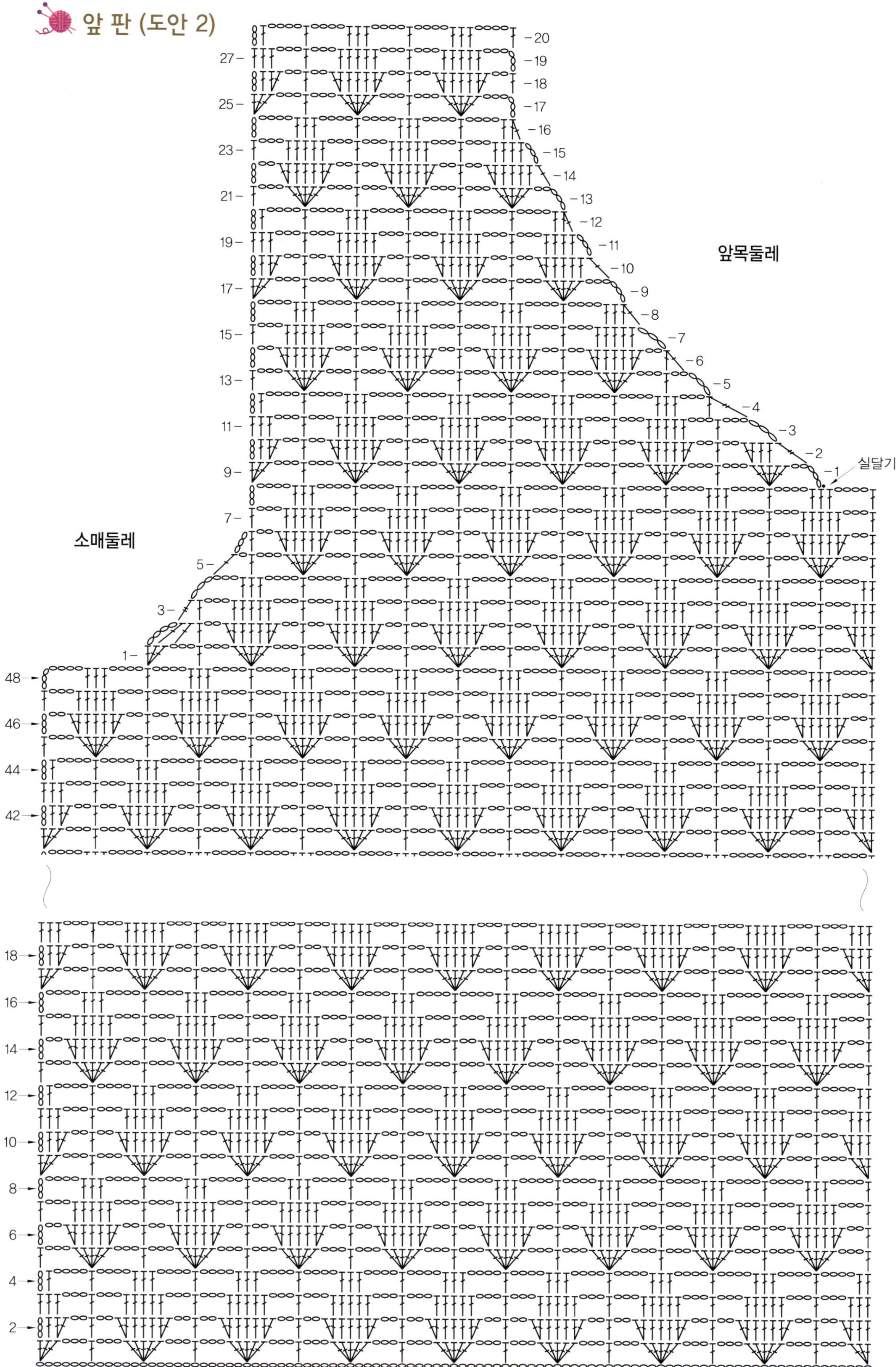

앞 판 (도안 2)
앞목둘레
소매둘레
실달기

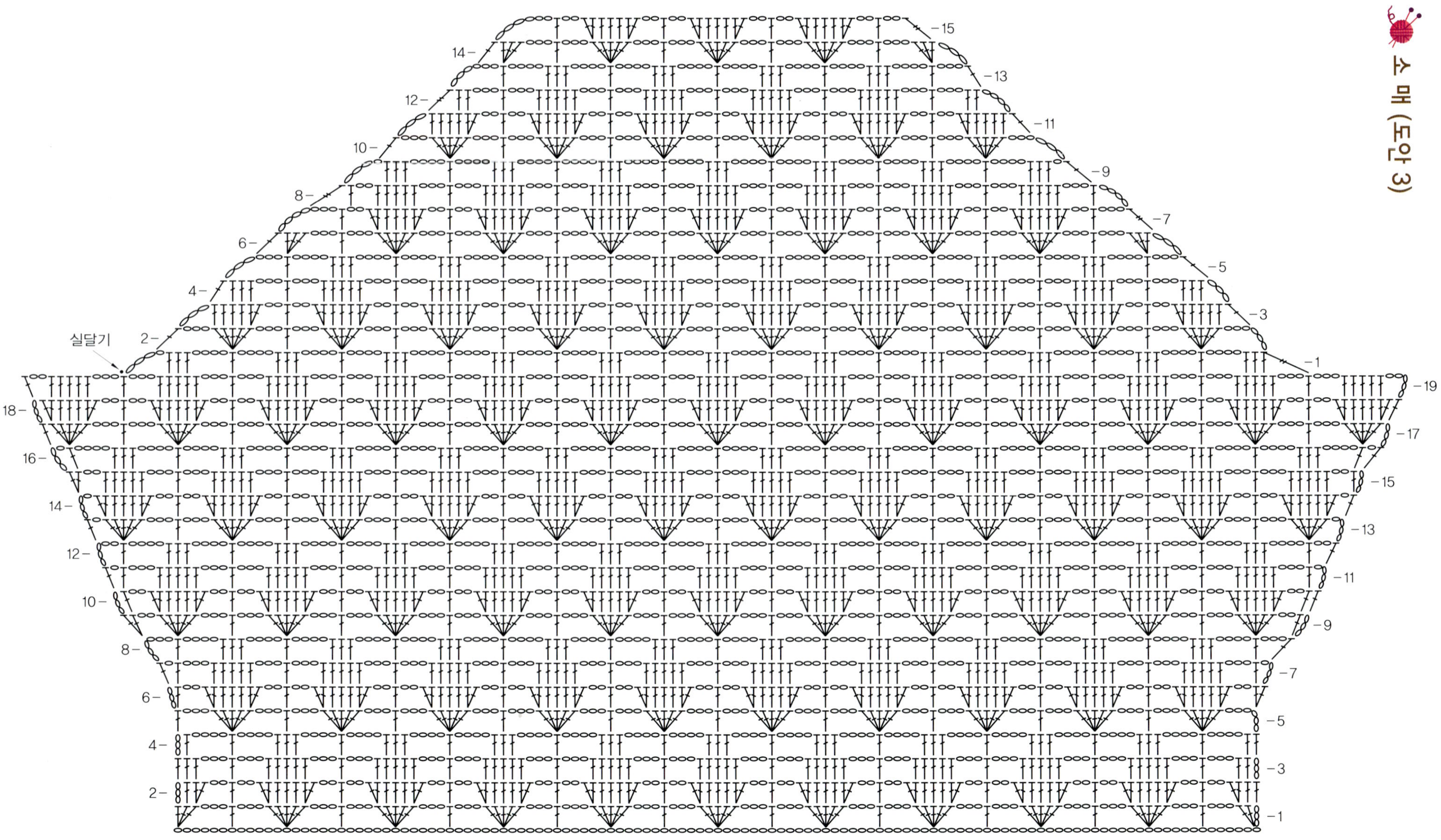

실달기

치 마 (도안 4)

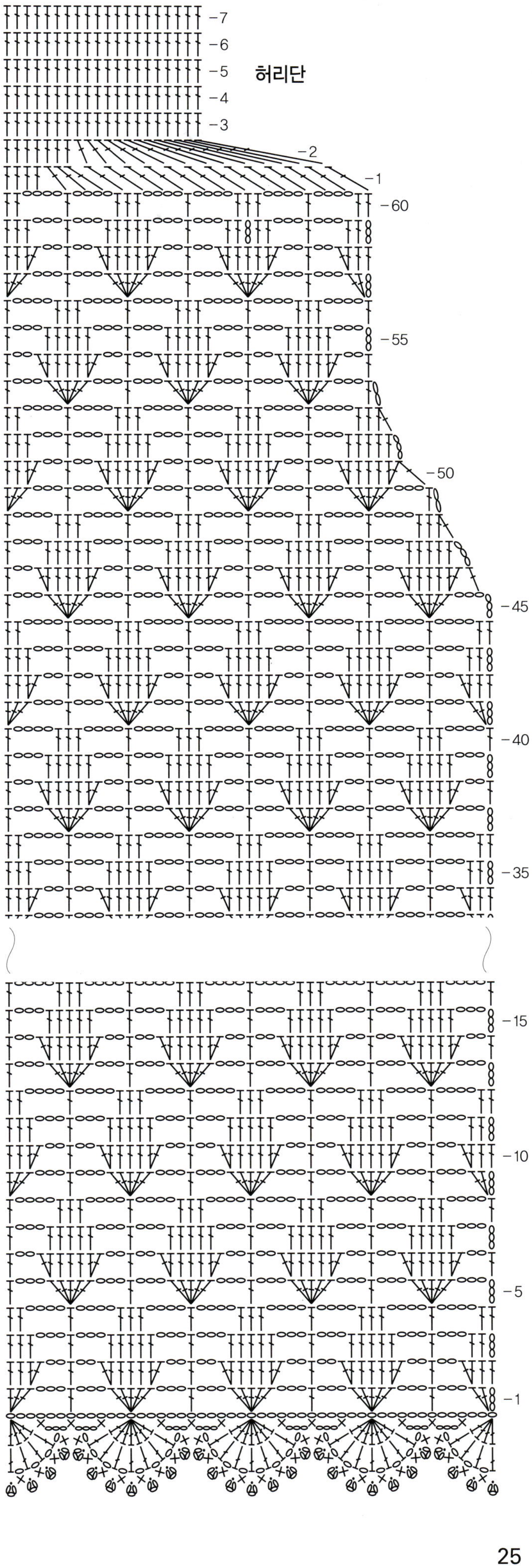

허리단

무늬뜨기 A (12코 8단 1무늬)

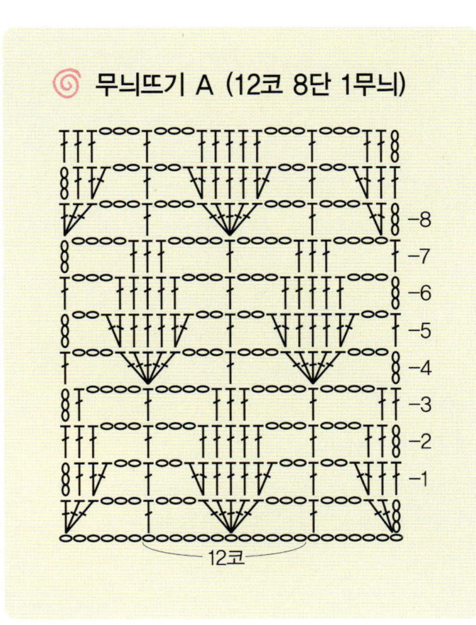

무늬뜨기 B (12코 3단 1무늬)

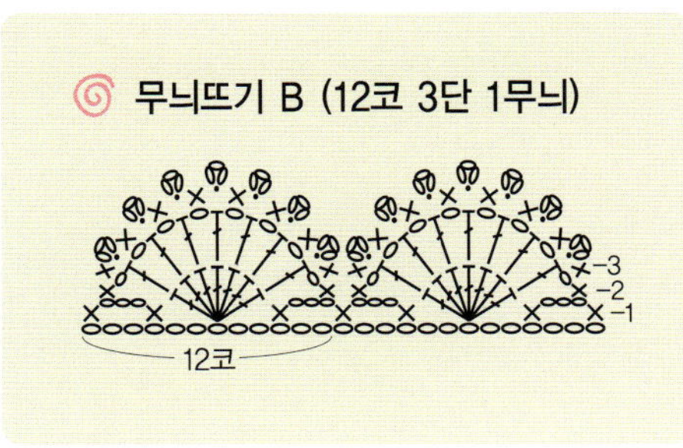

knitting

3 보라색 민소매 투피스

1. 앞 칼라는 무늬뜨기 C를 떠서 주름 레이스를 만들어 준다.
2. 앞중심과 밑단은 연결해서 무늬뜨기 C로 뜬다.
3. 치마 허리단은 1길긴뜨기와 짧은뜨기로 뜬다.
4. 치마 밑단은 무늬뜨기 B로 장식 레이스를 만든다.

보라색 민소매 투피스

뜨는 방법

【민소매 윗옷】

1. 사슬 233코를 만들어 무늬뜨기 A 5무늬로 시작하는데 양옆 가장자리를 1/2무늬씩 늘려준다. (도안 1 참고)

2. 24단 뜨고 25단째는 오른쪽 앞판 2무늬, 뒤판 4무늬, 왼쪽 앞판 2무늬로 나누어 주고, 뒤판은 23단 더 뜬 다음 어깨 무늬만 1단씩 더 뜨고 마친다. (도안 1 참고)

3. 앞판은 36단까지 뜬 뒤 앞목둘레를 만든다. (도안 1 참고)

4. 몸판이 다 되면 어깨를 붙여주고, 소매둘레는 짧은뜨기 1단을 뜬 뒤 피코뜨기 1단 떠서 마친다.

5. 밑단, 앞 중심과 목둘레 전체를 짧은뜨기 1단 뜬 뒤 무늬뜨기 C 무늬 14단을 떠서 완성한다.

【치마】

1. 사슬 460코를 만들어 무늬뜨기 A 10무늬로 원통뜨기를 하는데 19단부터는 4단마다 코늘리기를 한다. (도안 2 참고)

2. 48단까지 뜨고 나면 무늬뜨기 B 28단을 마무리 단으로 뜬다.

3. 허리단은 처음 시작 사슬코에서 300코만 긴뜨기 10단, 짧은뜨기 12단을 원통뜨기로 떠서 고무밸트를 넣어 반으로 접어 감침질한다.

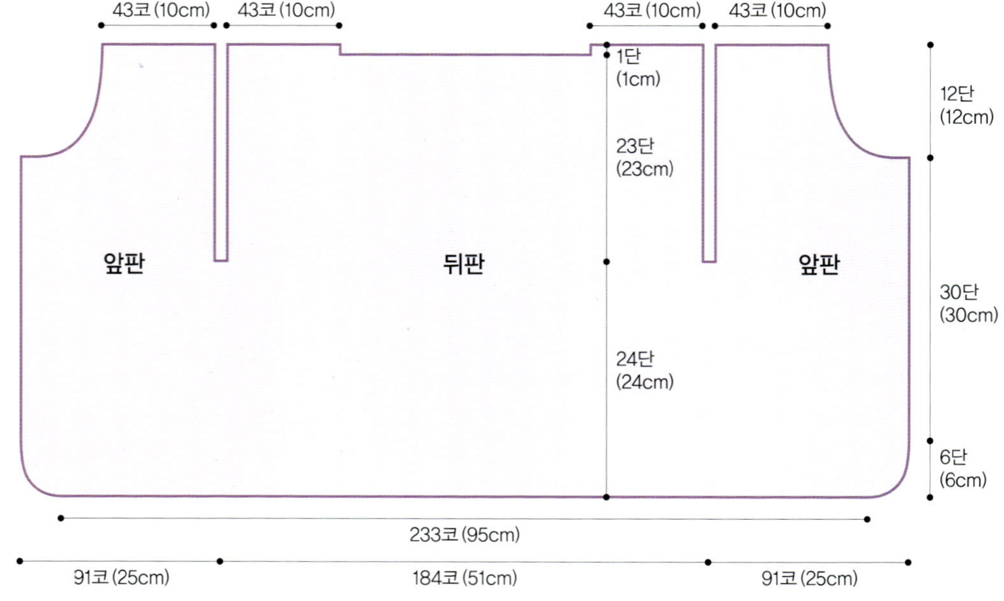

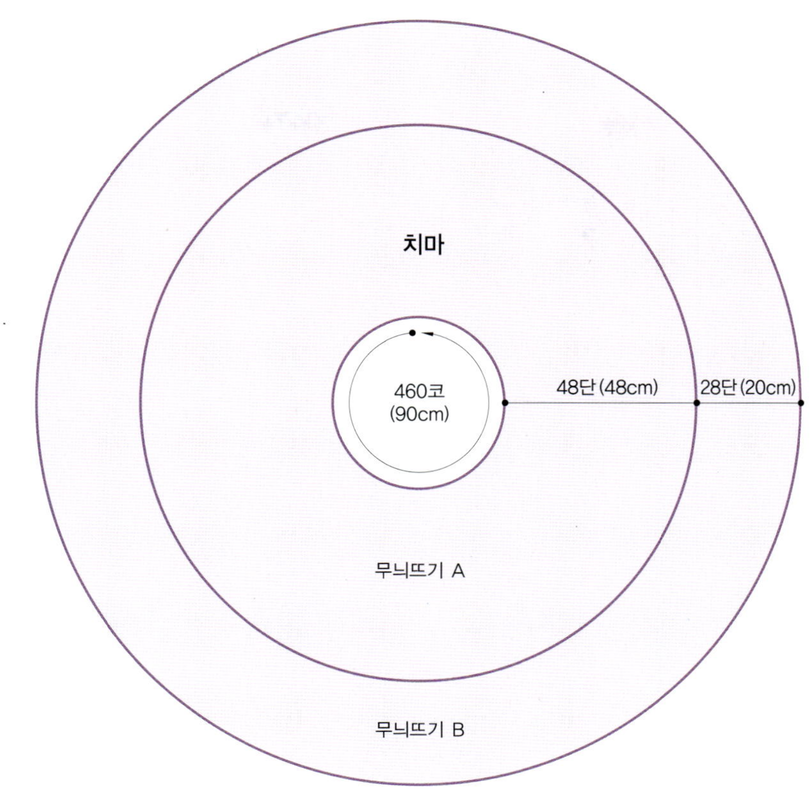
치마
460코
(90cm)
48단 (48cm)
28단 (20cm)
무늬뜨기 A
무늬뜨기 B

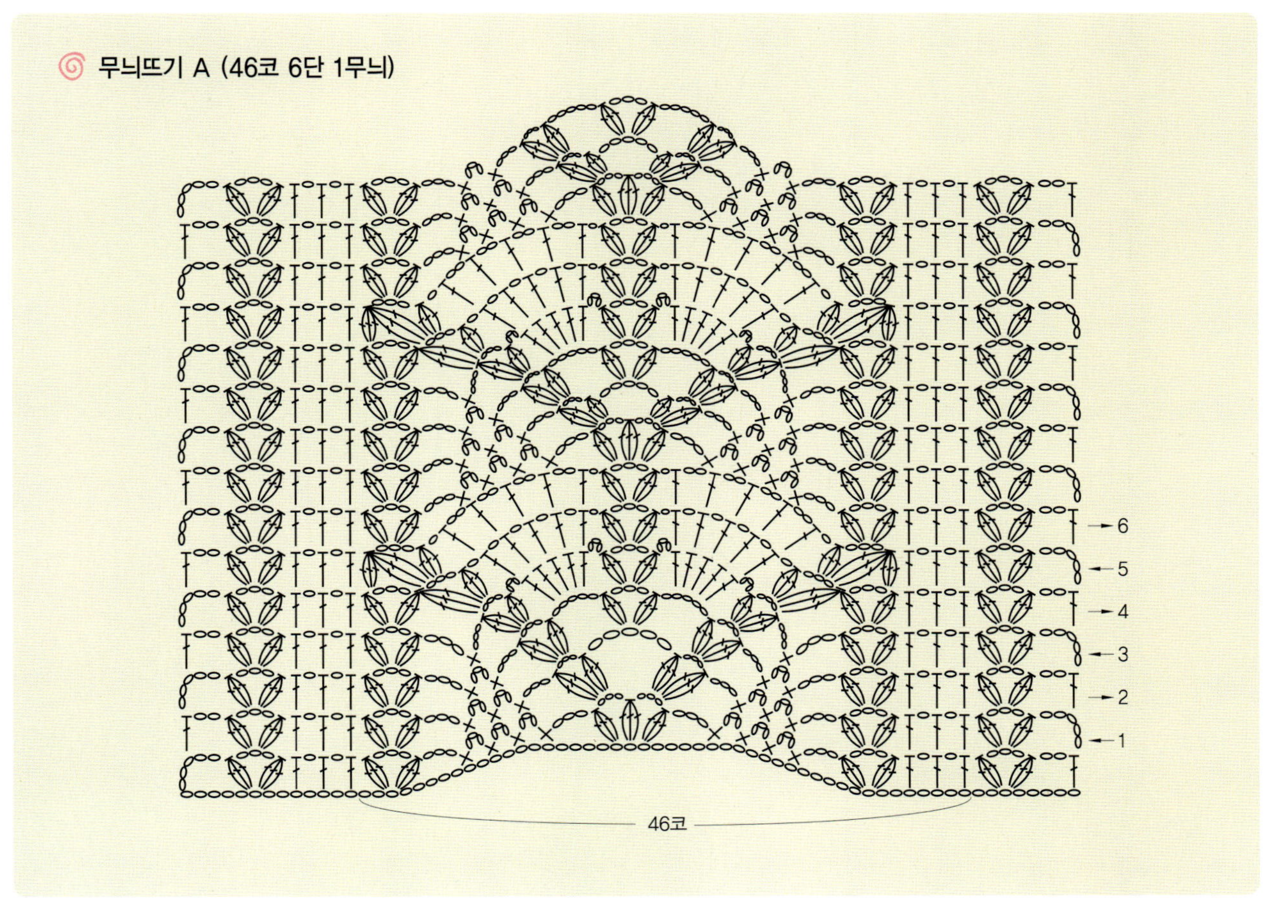
무늬뜨기 A (46코 6단 1무늬)
6
5
4
3
2
1
46코

뒷목둘레
소매
둘레
실
달
기

앞목둘레

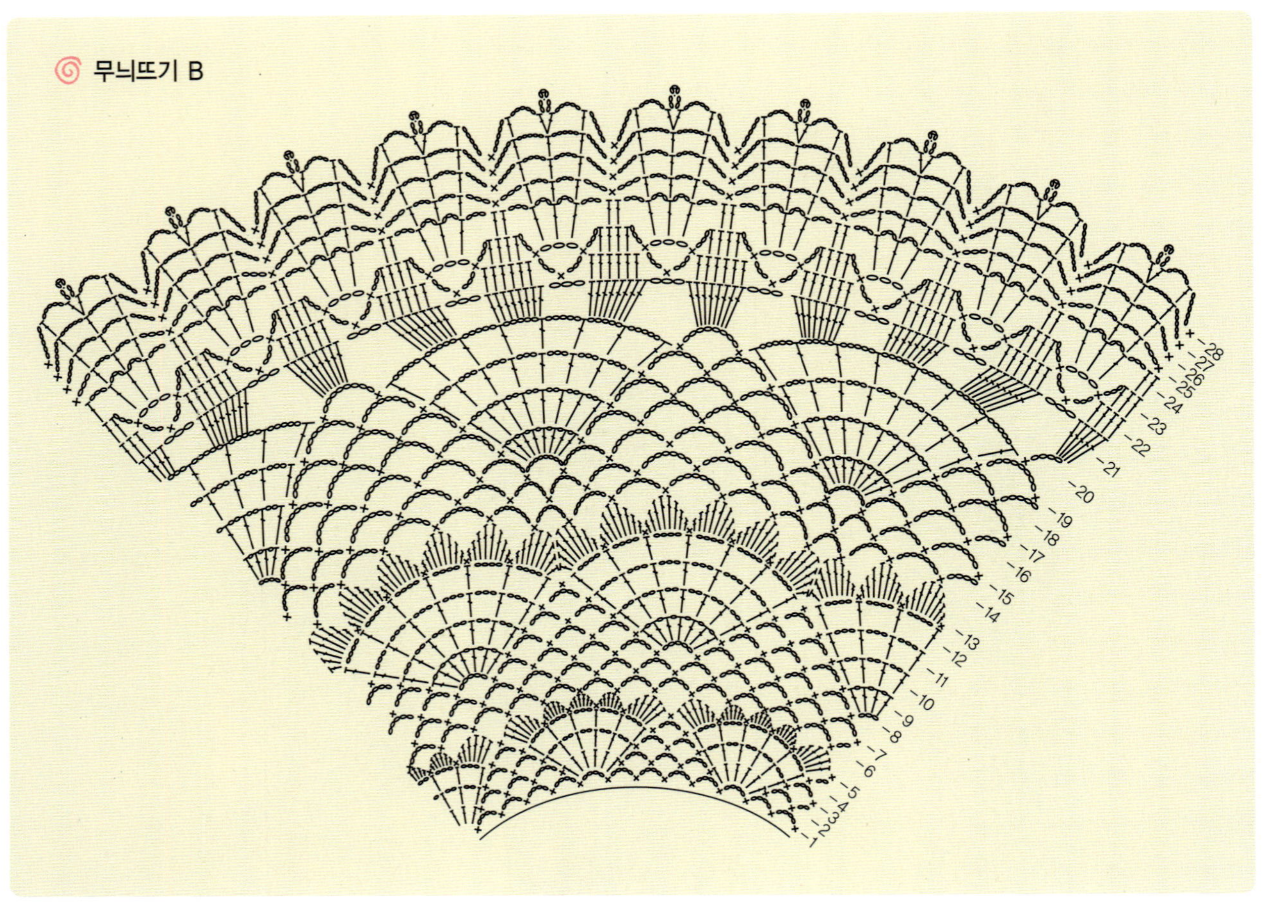

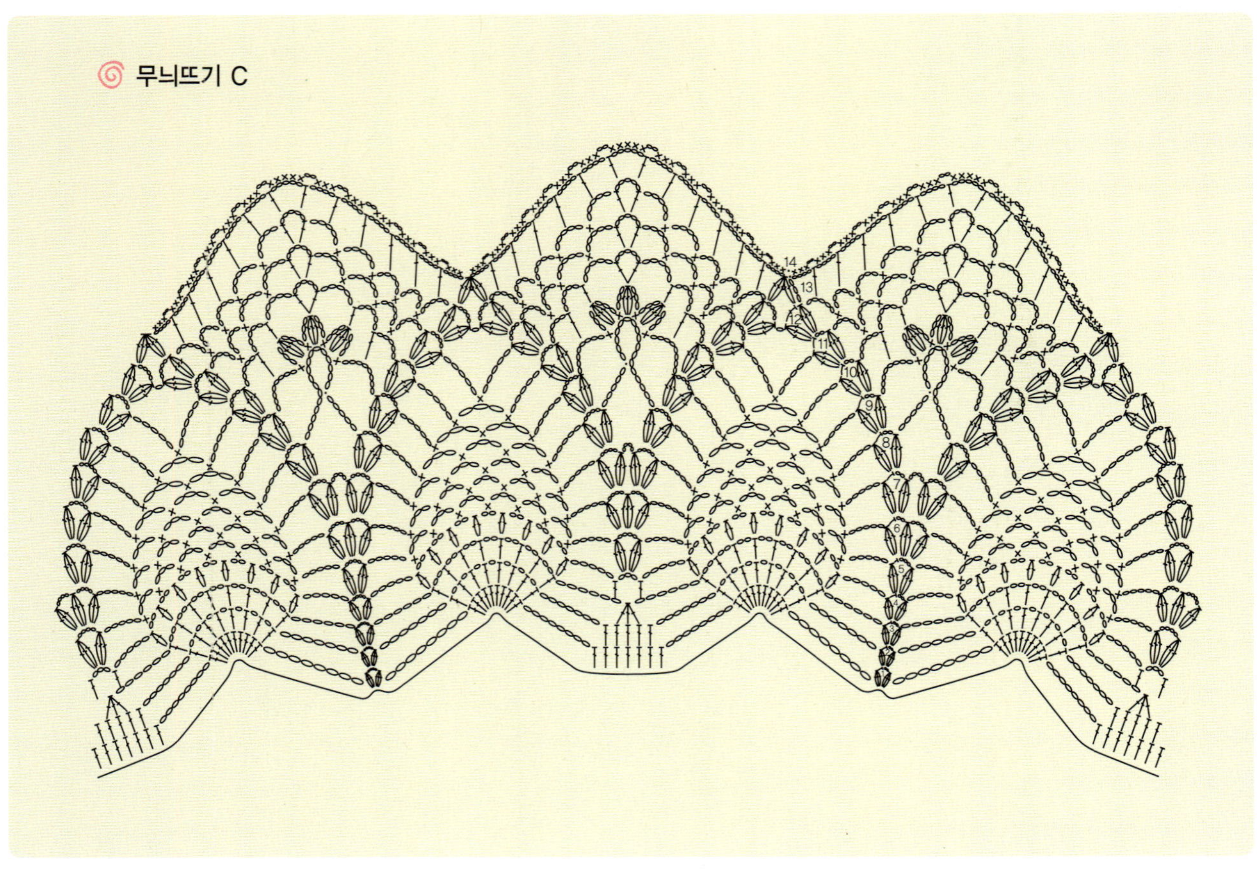

32

치 마 (도안 2)

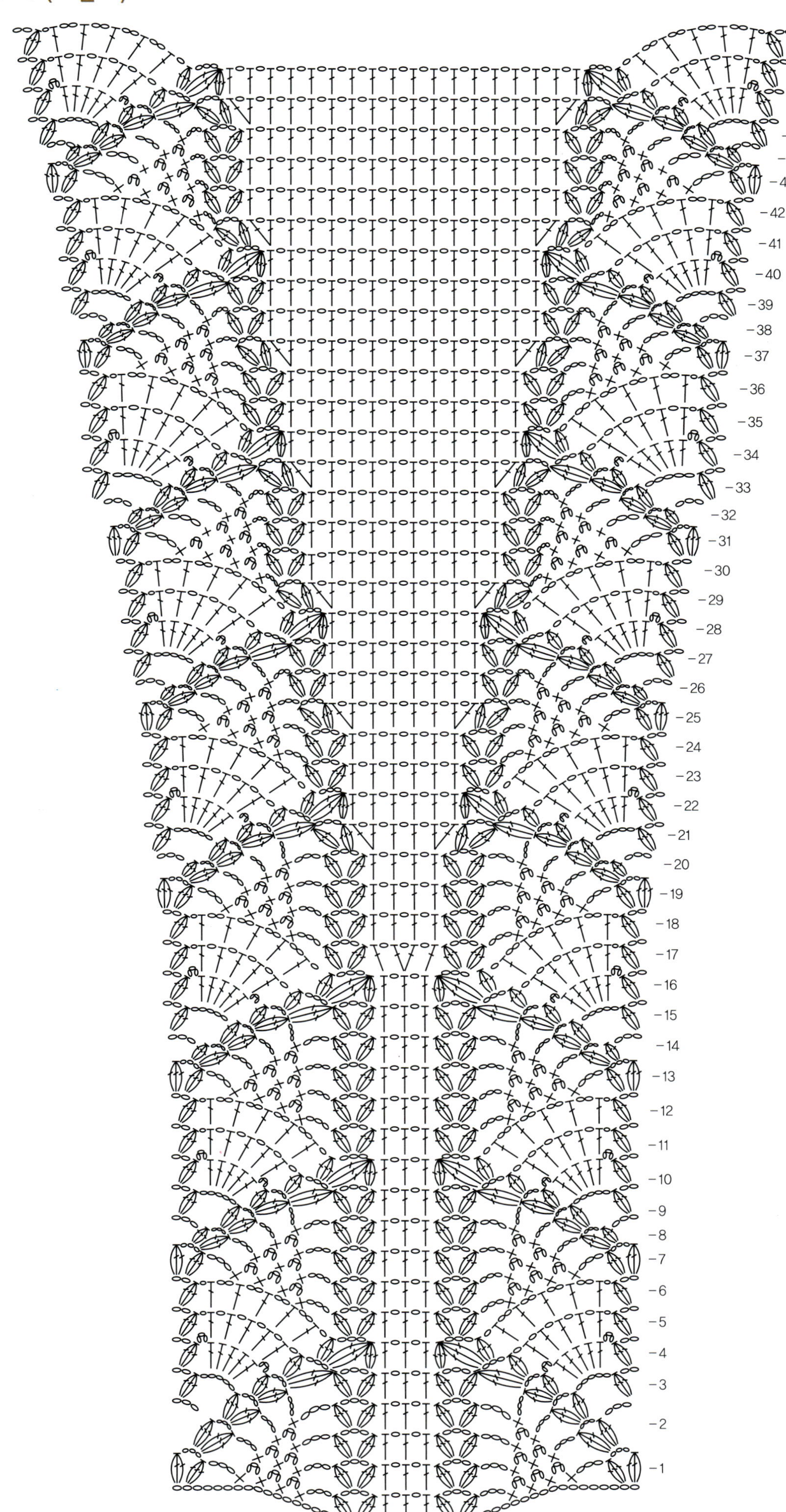
-48
-47
-46
-45
-44
-43
-42
-41
-40
-39
-38
-37
-36
-35
-34
-33
-32
-31
-30
-29
-28
-27
-26
-25
-24
-23
-22
-21
-20
-19
-18
-17
-16
-15
-14
-13
-12
-11
-10
-9
-8
-7
-6
-5
-4
-3
-2
-1

4 knitting

흰색 긴팔 재킷

1. 목둘레 단은 무늬뜨기 C로 떠서 장식한다.
2. 허리밸트와 밑단은 무늬뜨기 B로 떠서 만든다.
3. 소매는 무늬뜨기 D로 몸판을 만들고 밑단은 무늬뜨기 E로 장식 마무리한다.
4. 몸판 무늬뜨기 부분

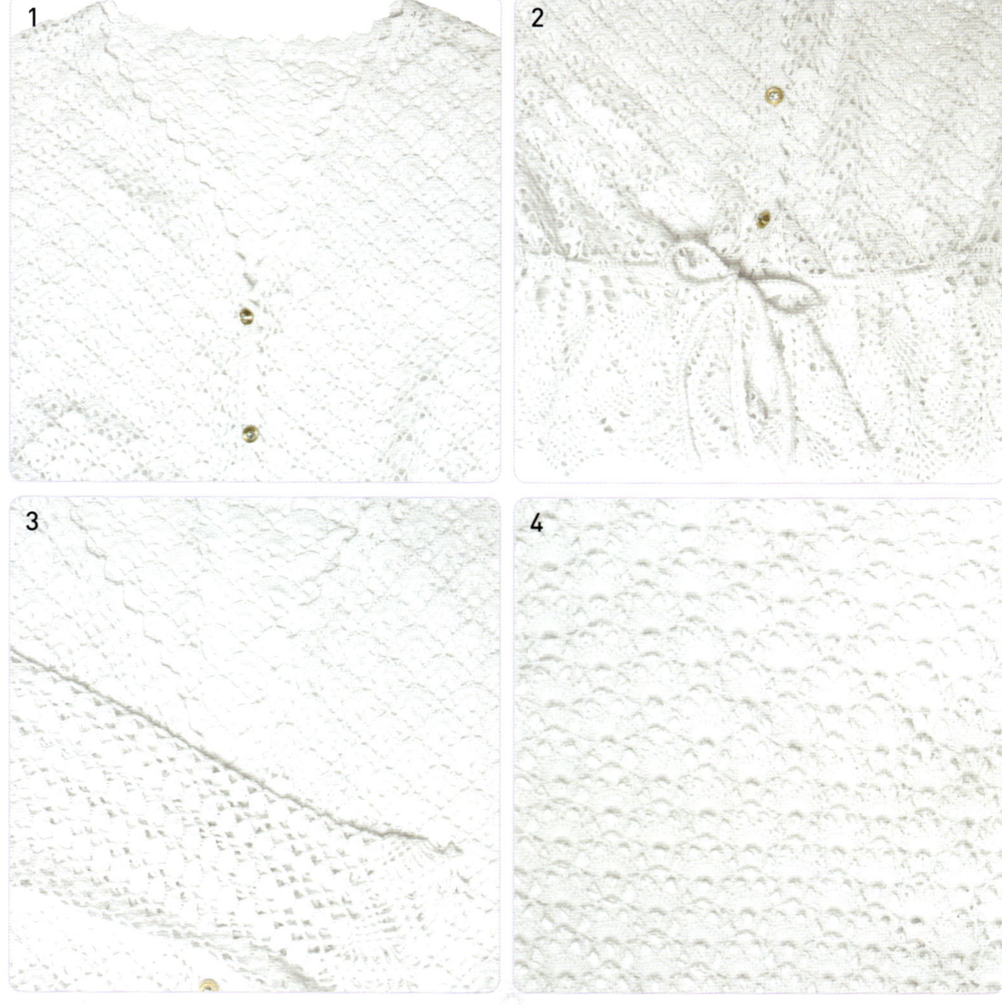

흰색 긴팔 재킷

완성 치수
77 size

재료와 도구
실 밤브(흰색)
바늘 코바늘 2호, 코바늘 3호
부속품 단추 3개, 구슬 2개

① 몸판은 사슬 325코를 만들어 무늬뜨기 A 27무늬＋1코로 시작해 25단을 뜬다.

② 26단째에는 앞판은 각 6.5무늬씩, 소매둘레 부분에 각 1무늬, 뒤판은 12무늬로 나누어주고, 소매둘레와 앞목둘레, 뒷목둘레는 도안 1을 참고하여 만든다.

③ 몸판 밑단은 처음 시작 사슬 부분에서 274코로 무늬뜨기 B 29무늬로 시작해서 23단을 뜬 다음 마친다.

④ 앞중심단과 목둘레단은 373코를 주어 짧은뜨기 1단 뜨고 무늬뜨기 C 62무늬＋1코 3단 뜬 다음 마친다.

⑤ 소매는 사슬 109코를 만들어 무늬뜨기 D 10무늬＋1코로 시작해서 50단을 뜨는데 도안 2를 참고하여 옆 솔기 늘리기를 하고, 도안 3을 참고하여 소매산을 만든다.

⑥ 소매 밑단은 115코를 주어 짧은뜨기 1단 뜬 뒤 무늬뜨기 E 5무늬로 시작해서 7단 뜬 다음 마치고, 몸판에 달아 완성한다.

⑦ 허리끈은 실 3올로 사슬뜨기하고 양끝에 구슬을 끼워 장식한다.

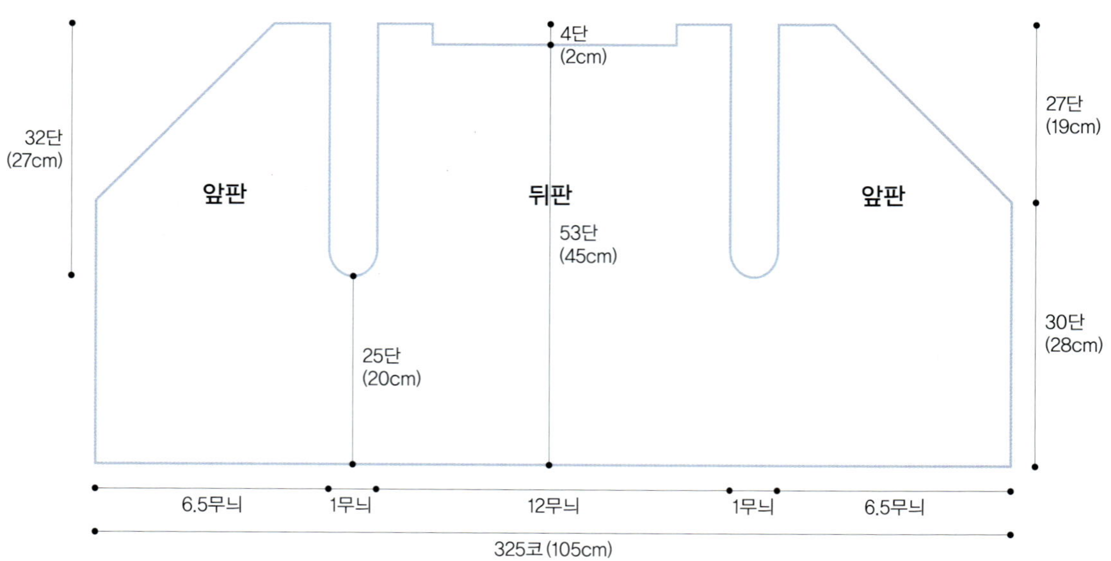

무늬뜨기 A (12코 4단 1무늬)

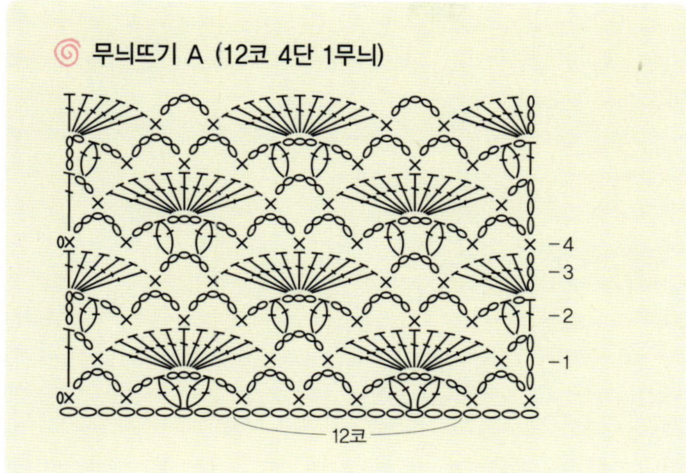

무늬뜨기 C (6코 3단 1무늬)

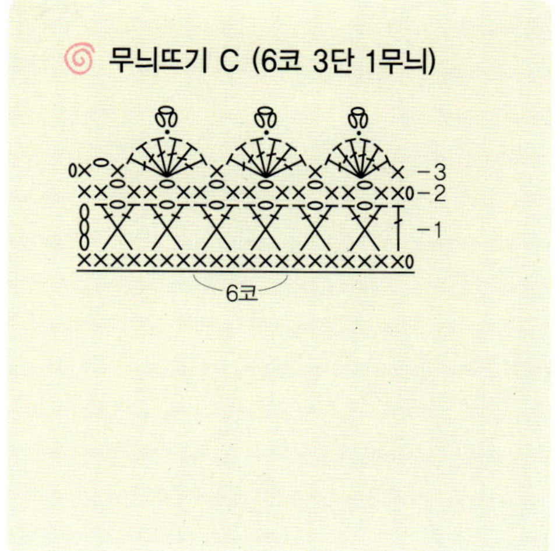

무늬뜨기 B

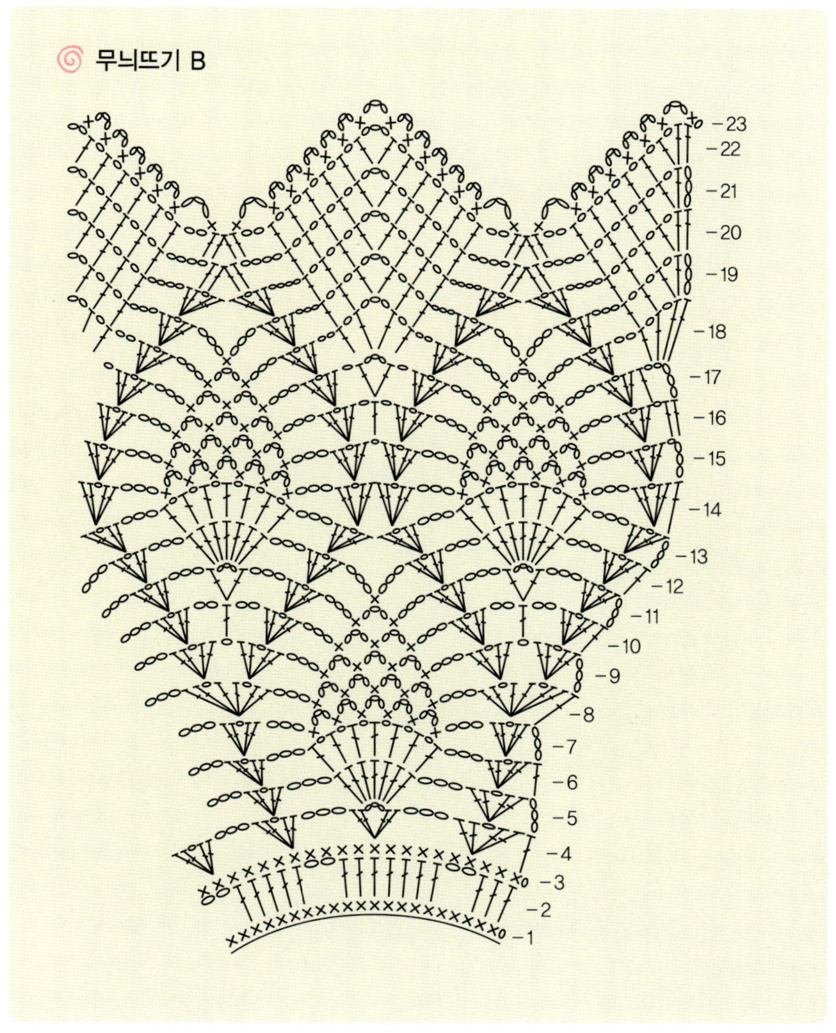

몸 판 (도안 1)
뒷목둘레
뒤 판
소매둘레
실달기

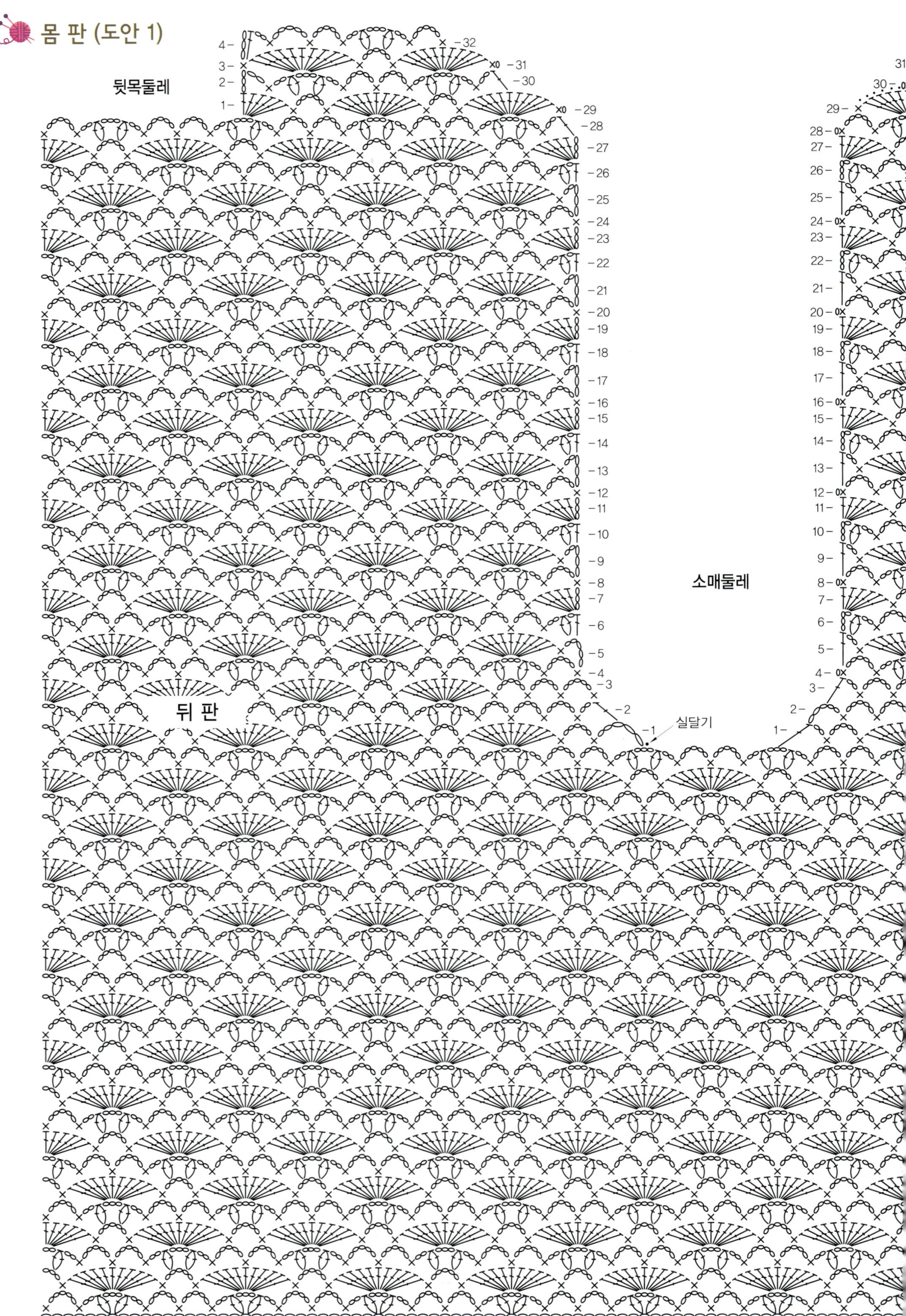

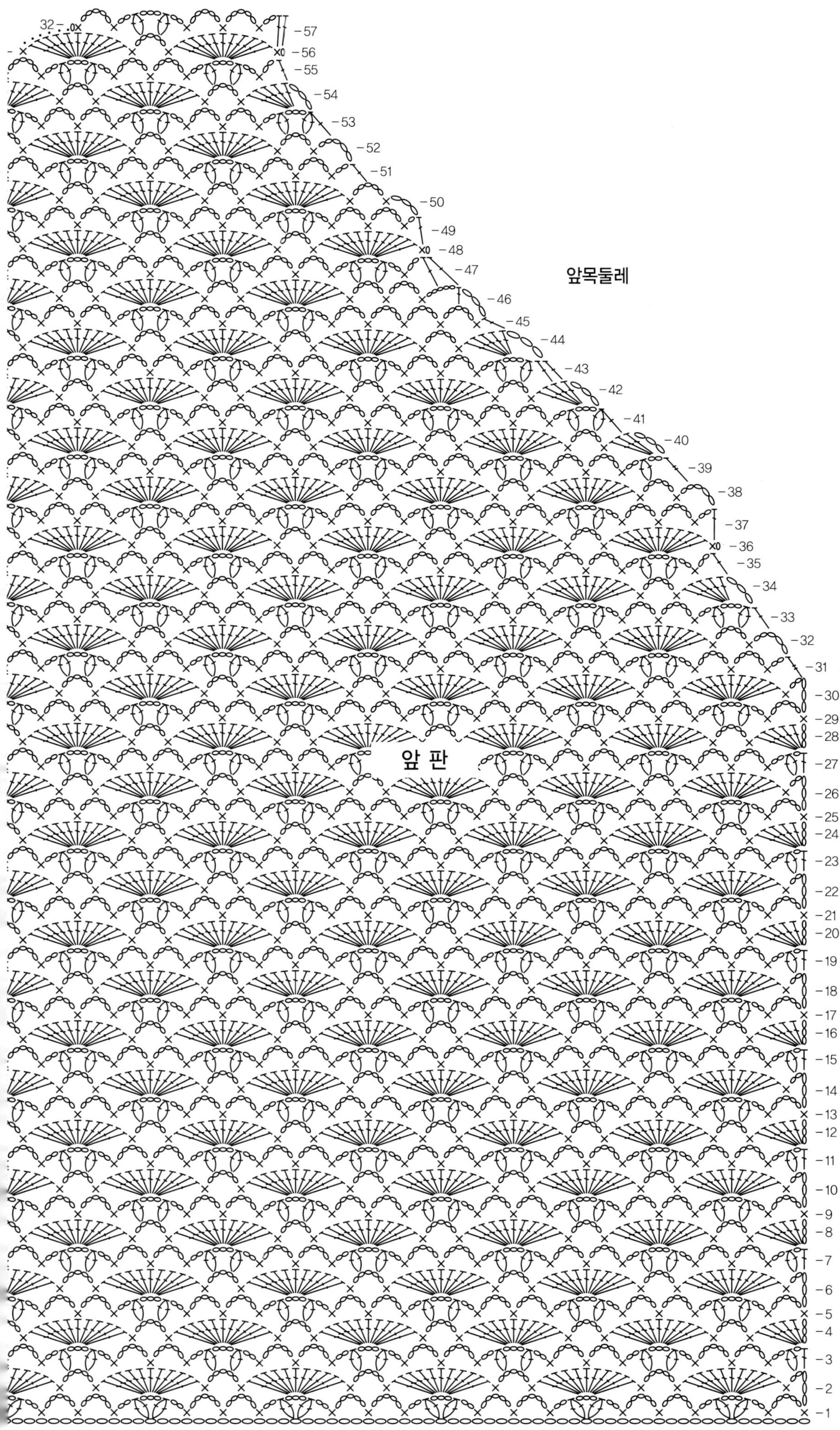

39

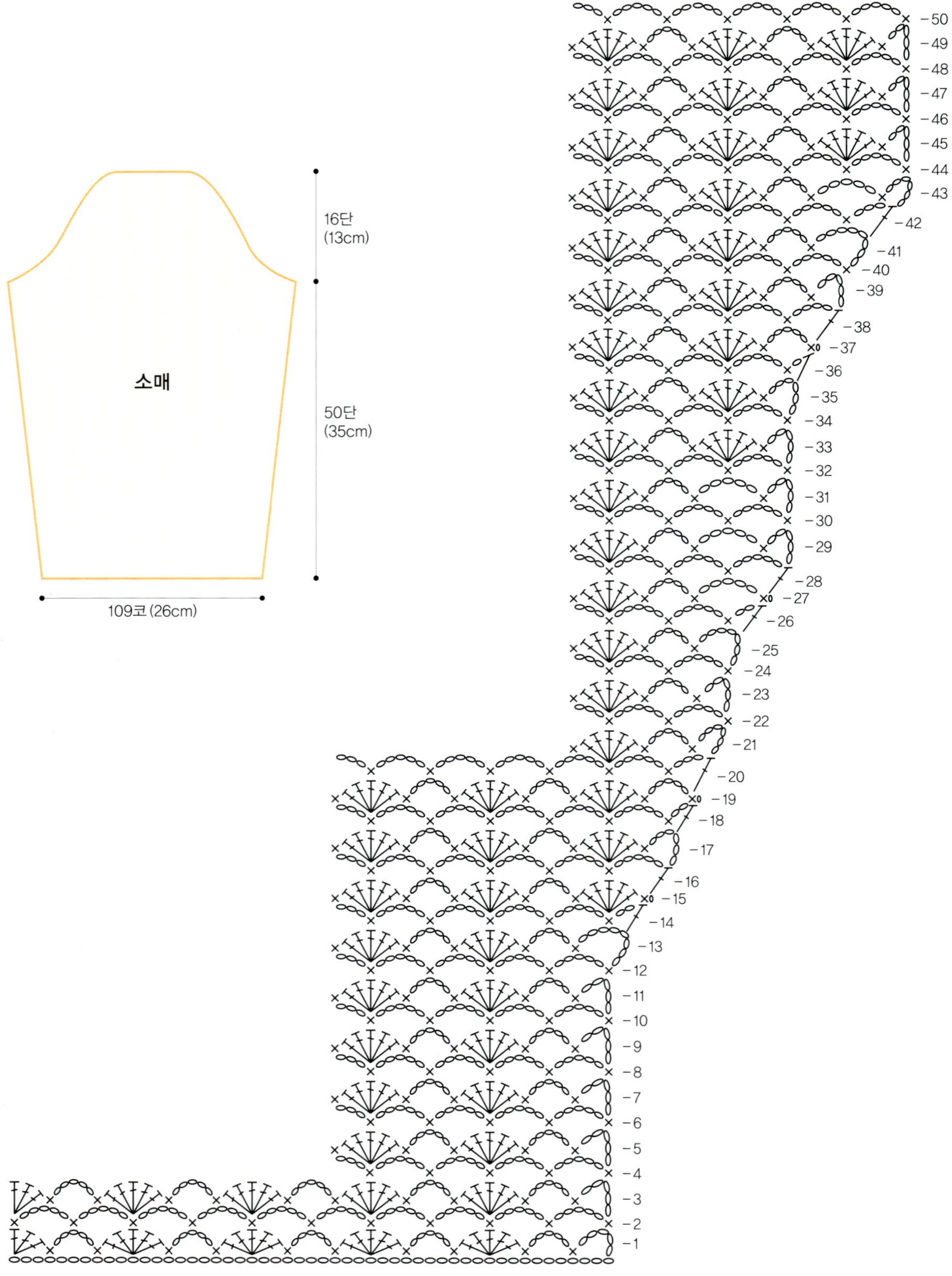
16단
(13cm)
소매
50단
(35cm)
109코 (26cm)

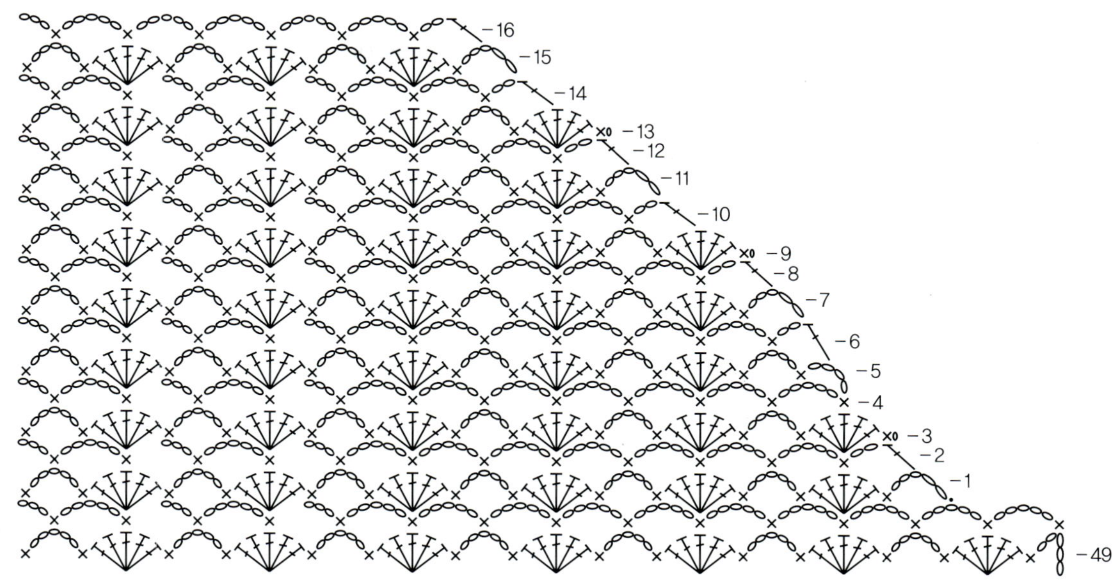

무늬뜨기 D (10코 2단 1무늬)

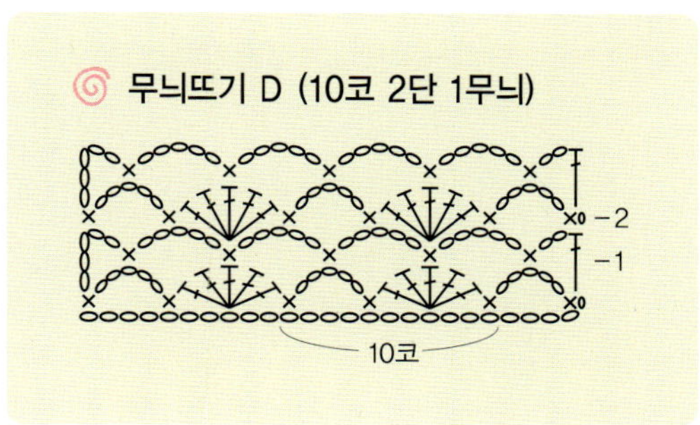

무늬뜨기 E (23코 7단 1무늬)

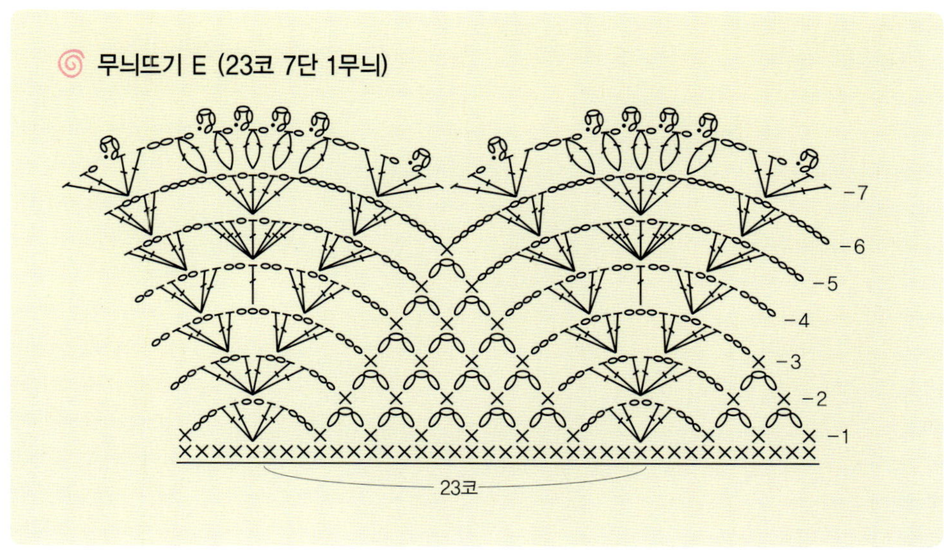

5 knitting

흰색 민소매 원피스

1. 앞목둘레는 짧은뜨기 후 피코뜨기로 장식 마무리한다.
2. 치마 밑단은 무늬뜨기 B로 주름 레이스를 만든다.
3. 뒷목둘레와 지퍼 달 부분은 짧은뜨기 후 피코뜨기로 장식 마무리한다.
4. 몸판 무늬뜨기 A 부분

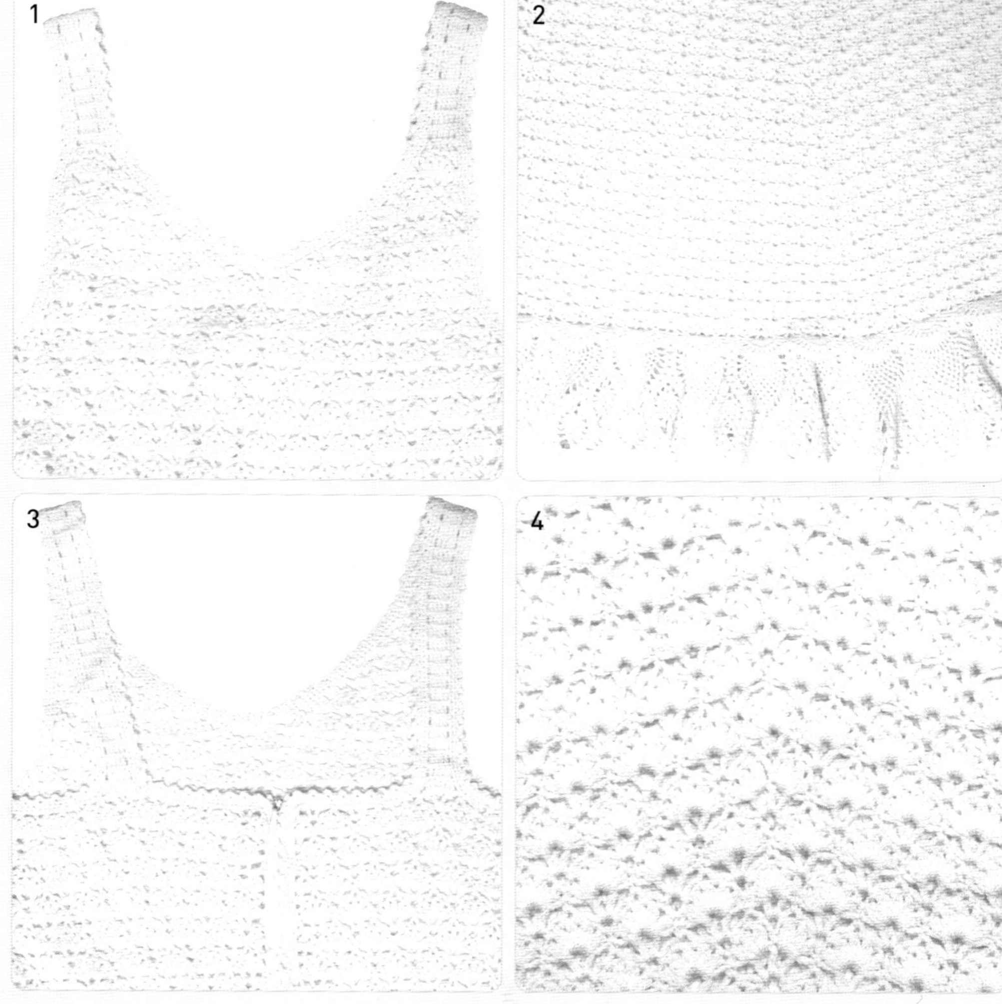

흰색 민소매 원피스

1. 사슬 252코를 만들어 무늬뜨기 A 28무늬로 76단의 치마를 뜨는데 7무늬마다 무늬 늘리기를 한다. 도안 1을 참고하여 네 방향에서 늘린다.

2. 76단까지 뜨고 나면 무늬뜨기 B 28무늬로 19단을 뜬 다음 마치고, 치마 76단째와 밑단뜨기 경계단에 무늬뜨기 C 28무늬로 3단을 뜨고 마무리한다.

3. 처음 시작 사슬 부분에 짧은뜨기로 1단을 뜨고 무늬뜨기 A 28무늬+1코로 시작해 31단을 뜬다. 도안 2를 참고하여 앞, 뒤로 나눈 다음 소매둘레를 만들고 어깨끈을 뜬다.

4. 목둘레단과 소매둘레단은 짧은뜨기 2단 뜨고 피코뜨기 1단 떠서 마친다.

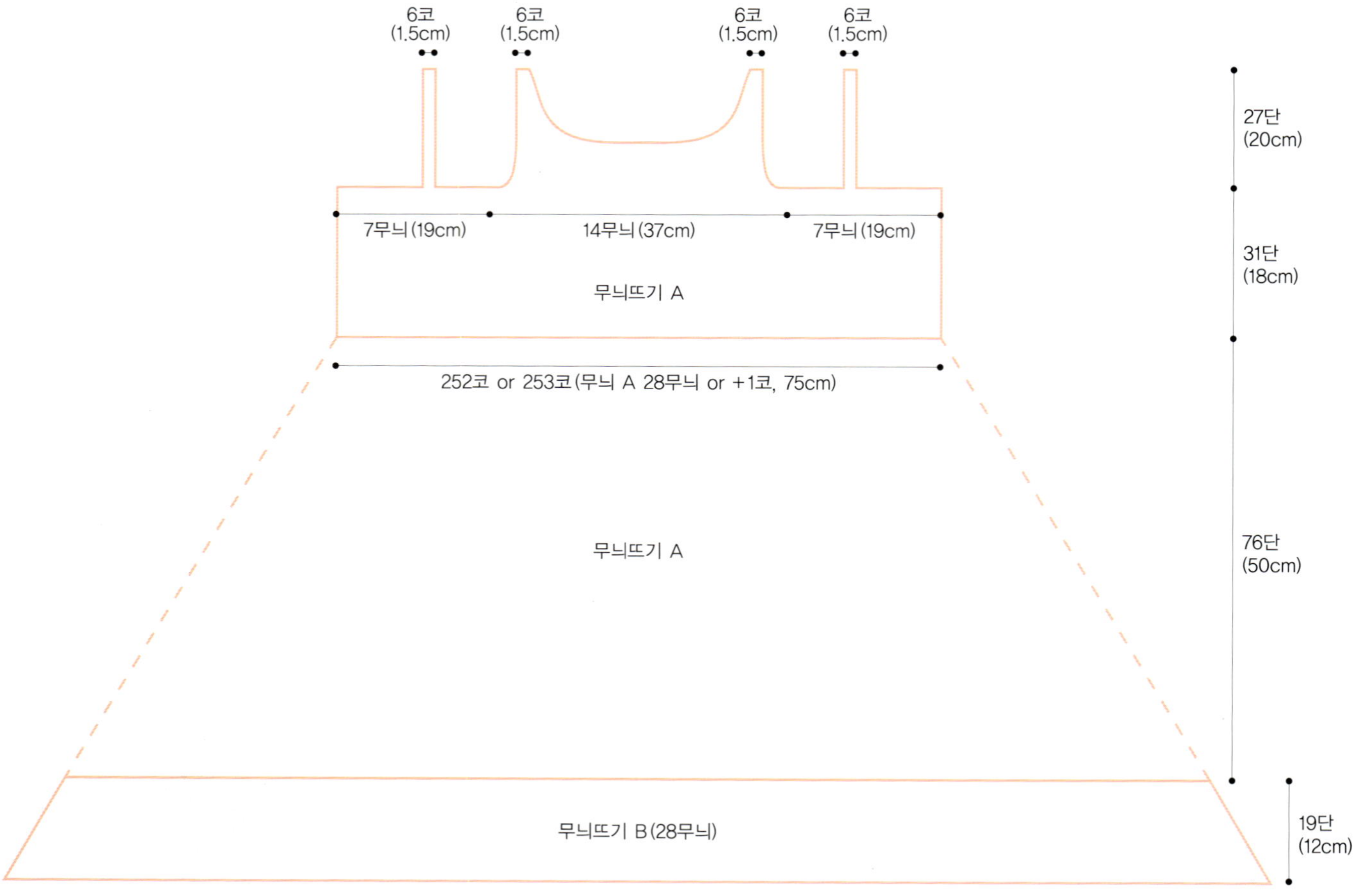

6코 (1.5cm) 6코 (1.5cm) 6코 (1.5cm) 6코 (1.5cm)

7무늬 (19cm)   14무늬 (37cm)   7무늬 (19cm)

무늬뜨기 A

252코 or 253코 (무늬 A 28무늬 or +1코, 75cm)

무늬뜨기 A

무늬뜨기 B (28무늬)

27단 (20cm)
31단 (18cm)
76단 (50cm)
19단 (12cm)

치 마 (도안 1)

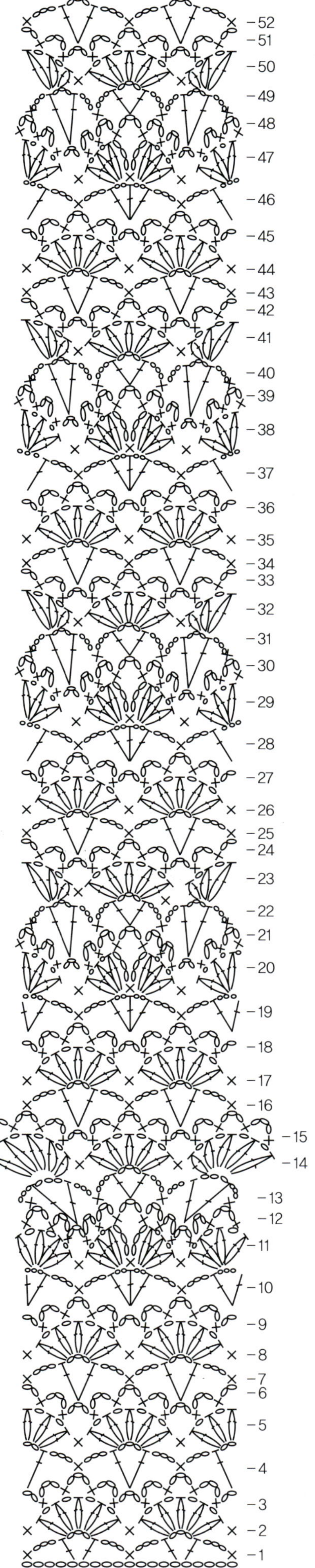

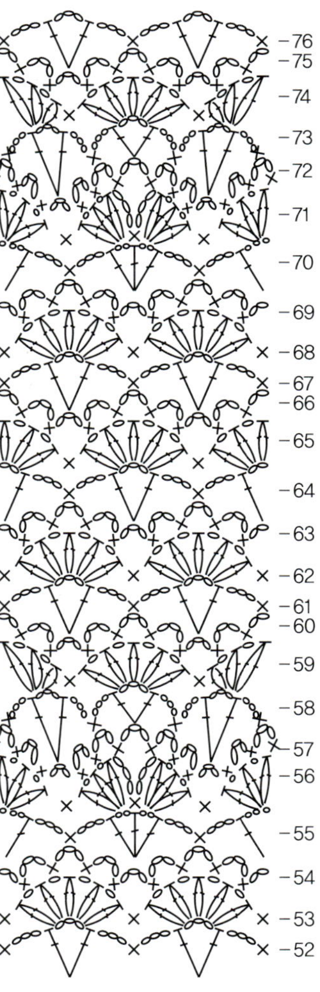

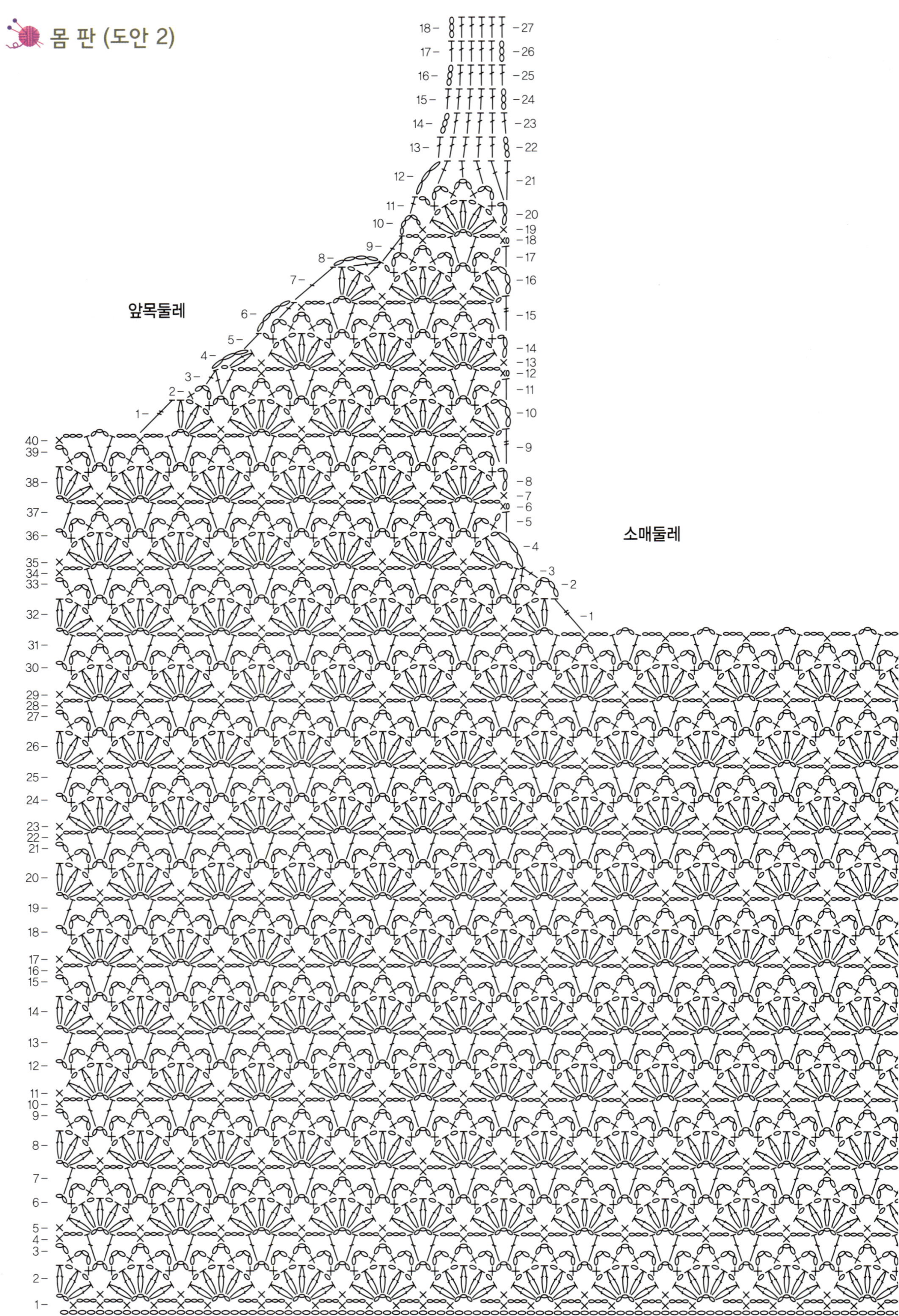
앞목둘레
소매둘레

무늬뜨기 B (19단 1무늬)
1무늬
1 2 3 4 5 6 7 8 9 10 11 12 13 14 15 16 17 18 19

뒷목둘레

실끝기
-1 -2 -3 -4 -5
-26 -27
-1 -2 -3 -4 -5 -6 -7 -8 -9 -10 -11 -12 -13 -14 -15 -16 -17 -18 -19 -20 -21 -22 -23 -24 -25 -26 -27 -28 -29 -30 -31

무늬뜨기 A (9코 6단 1무늬)
-1 -2 -3 -4 -5 -6
9코

무늬뜨기 C (3단 1무늬)
-1 -2 -3

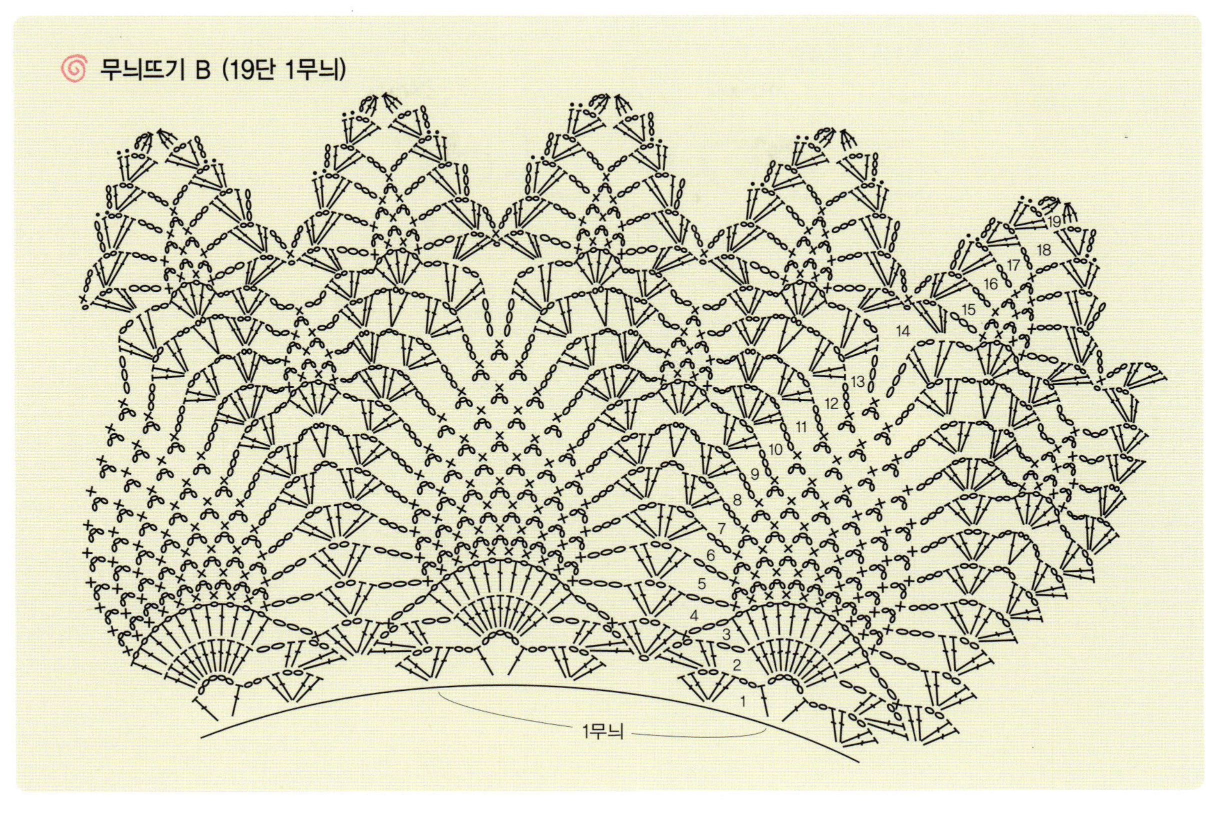

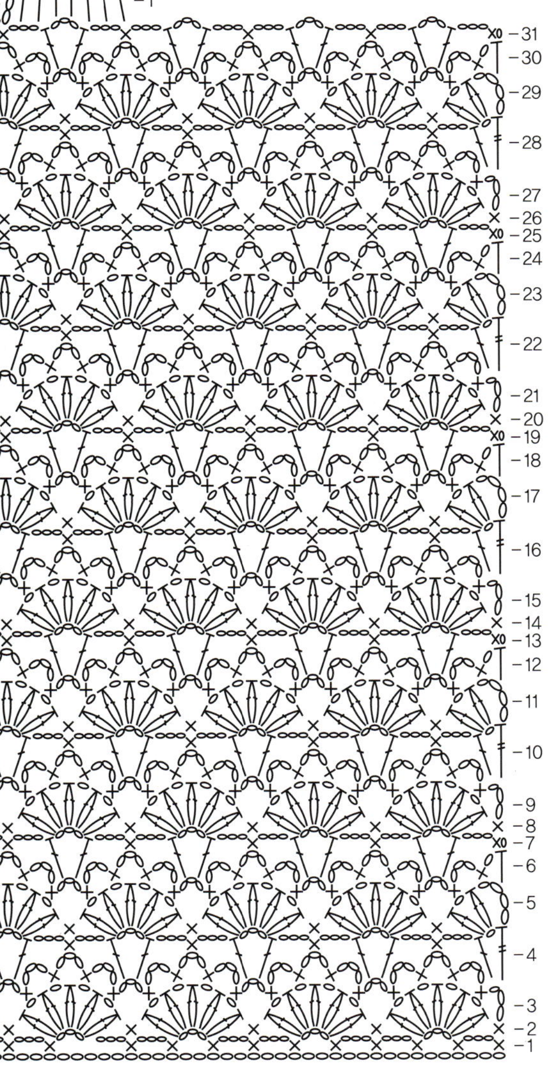

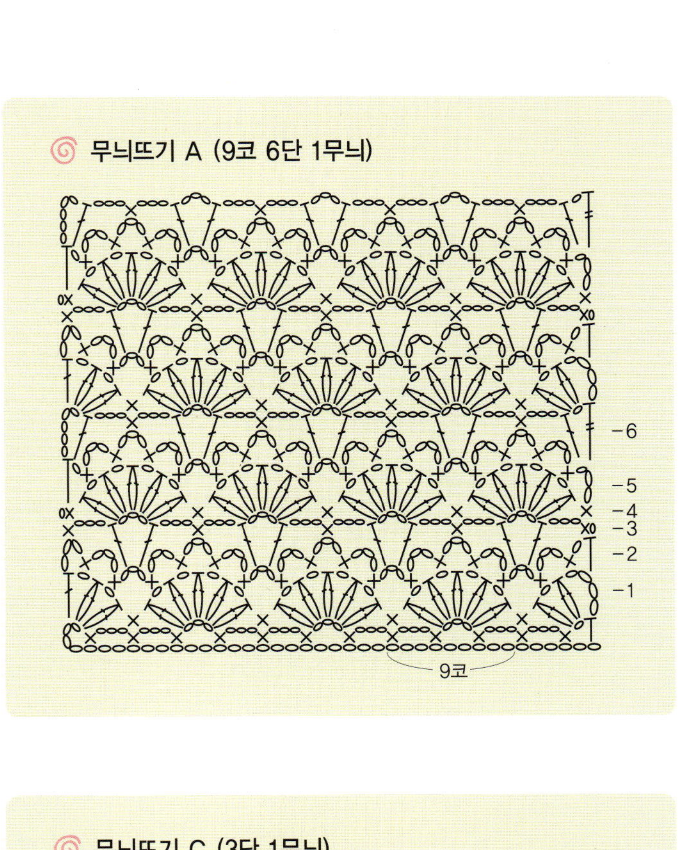

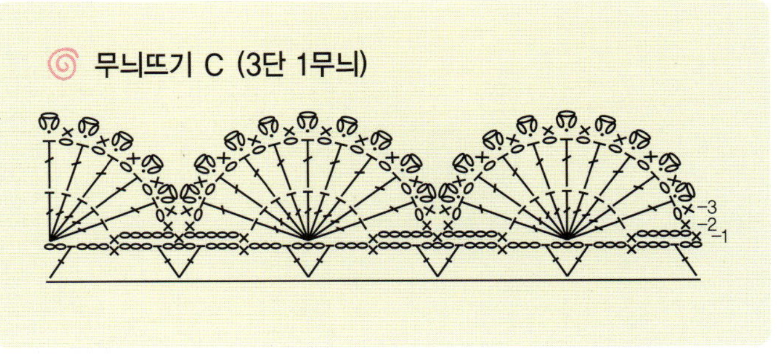

knitting

6

주황색 나염
민소매 원피스

1. 앞목둘레는 무늬뜨기 C로 뜬다.
2. 뒷목둘레는 무늬뜨기 C를 뜨고, 지퍼 달 곳은 짧은뜨기 후 피코뜨기로 마무리한다.
3. 치마 밑단은 무늬뜨기 B로 장식 레이스를 만든다.
4. 몸판 무늬뜨기 A 부분

✚✚ 주황색 나염 민소매 원피스

뜨는 방법

① 사슬 241코를 시작코로 무늬뜨기 A 20무늬＋1코를 만들어 4단 뜬 다음 원통을 만들어 치마를 먼저 뜬다.

② 치마는 13단째부터 도안 1처럼 무늬 늘리기를 사방(무늬 5개마다)에 해 준다.

③ 치마 무늬 늘리기는 33단째와 53단째에도 해줘서 전체 32무늬가 되게 한다.

④ 치마 길이가 82단이 되면 무늬뜨기 B 21무늬로 치마 밑단을 장식 마무리한다.

⑤ 윗 몸판은 ①에서 시작한 사슬에 무늬뜨기 A 20무늬＋1코를 만들어 12단까지 뜨고, 13단째에 B · P점 두 곳에 도안 1을 참고로 무늬를 늘려주어 전체무늬 22무늬＋1코가 되게 하여 28단까지 뜨고 오른쪽 뒤판 5무늬, 앞판 12무늬, 왼쪽 뒤판 5무늬로 각각 나눠준 다음 소매둘레를 만든다.

⑥ 소매둘레는 도안 2를 참고한다.

⑦ 뒷목둘레는 48단이 되면 만드는데, 도안 2를 참고한다.

⑧ 앞목둘레는 44단이 되면 만드는데, 도안 3을 참고한다.

⑨ 앞 · 뒤 어깨를 이어 붙이고 뒤판 오픈된 곳에 짧은뜨기 3단을 뜬 뒤 마무리는 목둘레 단과 연결해 피코뜨기로 마무리하고 지퍼를 달아 준다.

⑩ 목단은 무늬뜨기 C 13무늬를 둘레 무늬로 시작해서 뜨고 마무리한다.

⑪ 소매단은 짧은뜨기 1단 뜨고 무늬뜨기 D로 마무리한다.

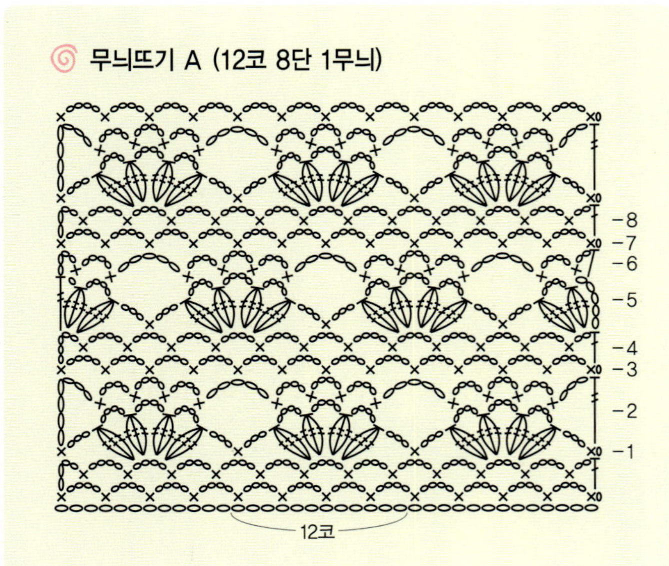

무늬뜨기 A (12코 8단 1무늬)

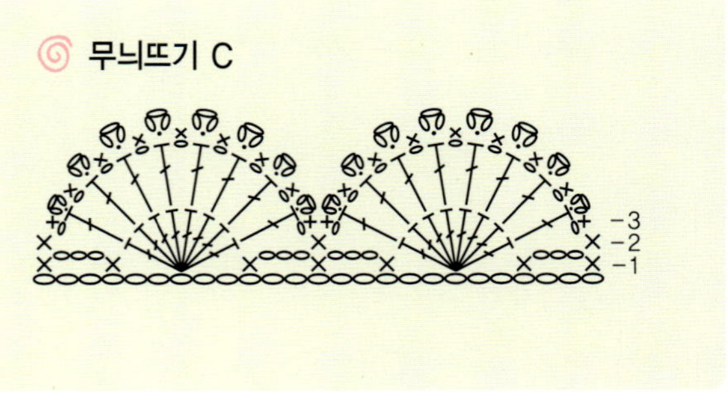

무늬뜨기 C

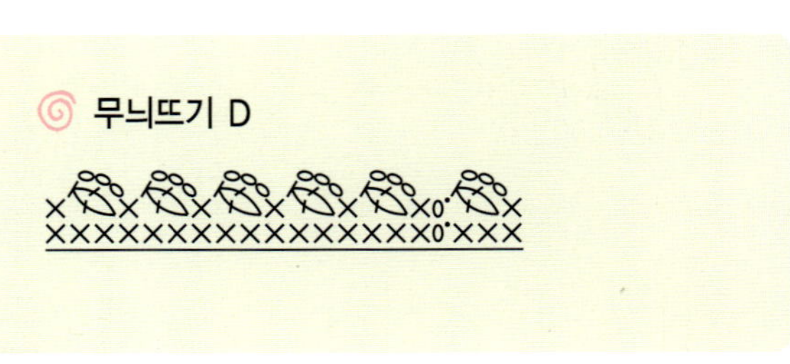

무늬뜨기 D

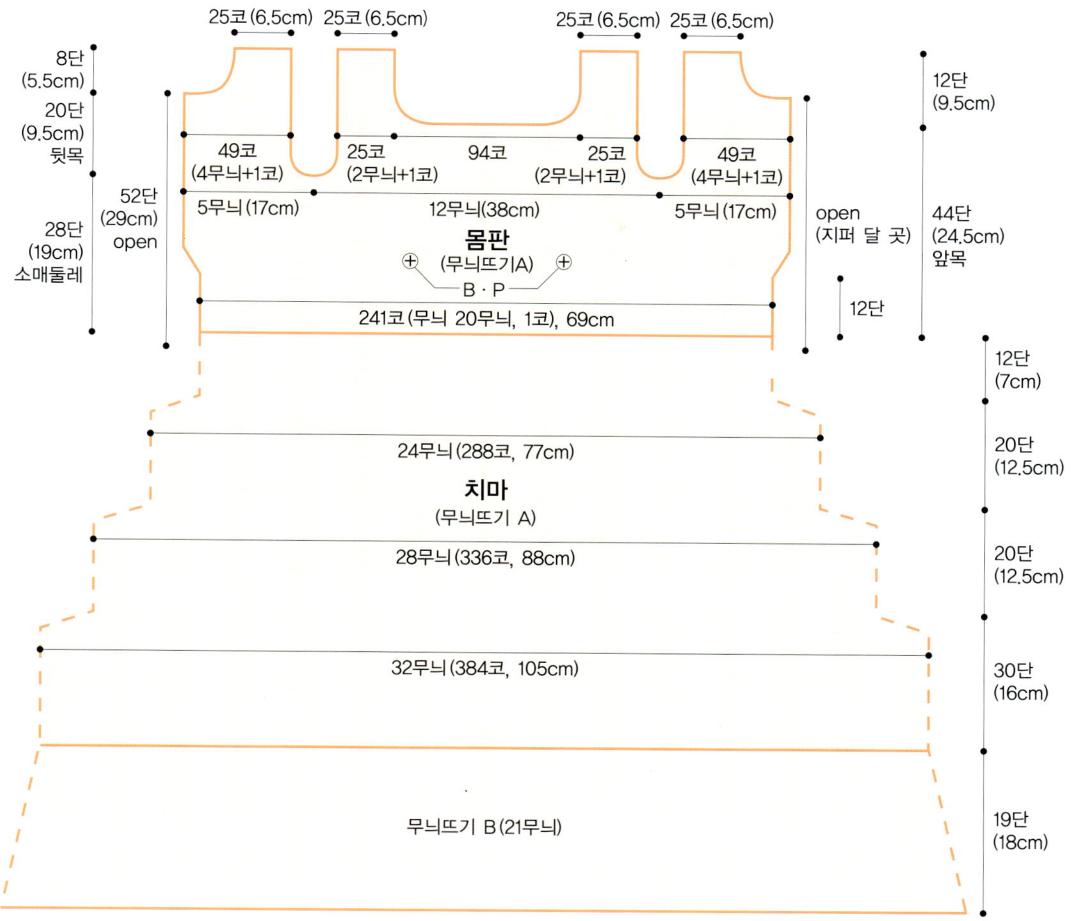

25코(6.5cm) 25코(6.5cm)
25코(6.5cm) 25코(6.5cm)
8단(5.5cm)
20단(9.5cm) 뒷목
12단(9.5cm)
49코(4무늬+1코)
25코(2무늬+1코)
94코
25코(2무늬+1코)
49코(4무늬+1코)
5무늬(17cm)
12무늬(38cm)
5무늬(17cm)
open(지퍼 달 곳)
44단(24.5cm) 앞목
52단(29cm) open
28단(19cm) 소매둘레
몸판
(무늬뜨기A)
B · P
241코(무늬 20무늬, 1코), 69cm
12단
12단(7cm)
24무늬(288코, 77cm)
치마
(무늬뜨기 A)
20단(12.5cm)
28무늬(336코, 88cm)
20단(12.5cm)
32무늬(384코, 105cm)
30단(16cm)
무늬뜨기 B (21무늬)
19단(18cm)

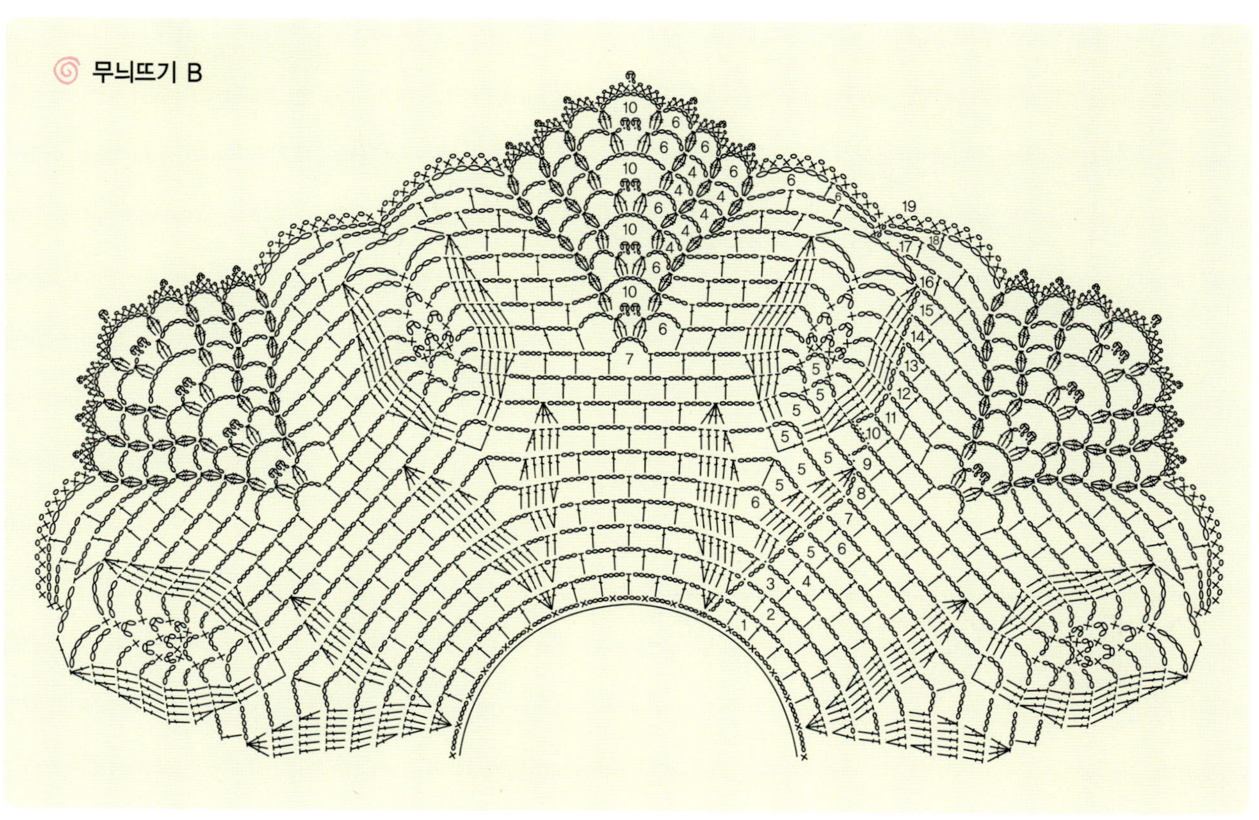

무늬뜨기 B
10 6
10 6
10 4 4 6
10 6
7
10 6
19
17
16
15
14
13
12
11
10
9
8
7
6
5
5
5
5
5
5
5
5
5
3 4
2
1

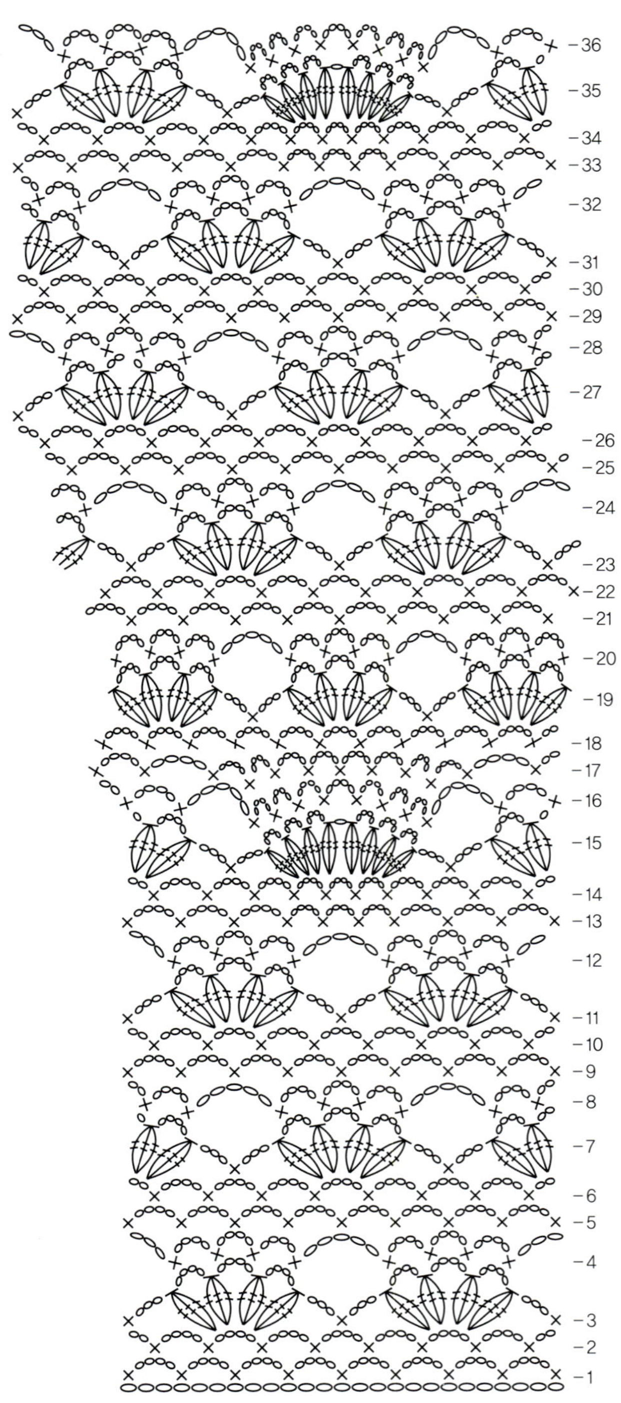

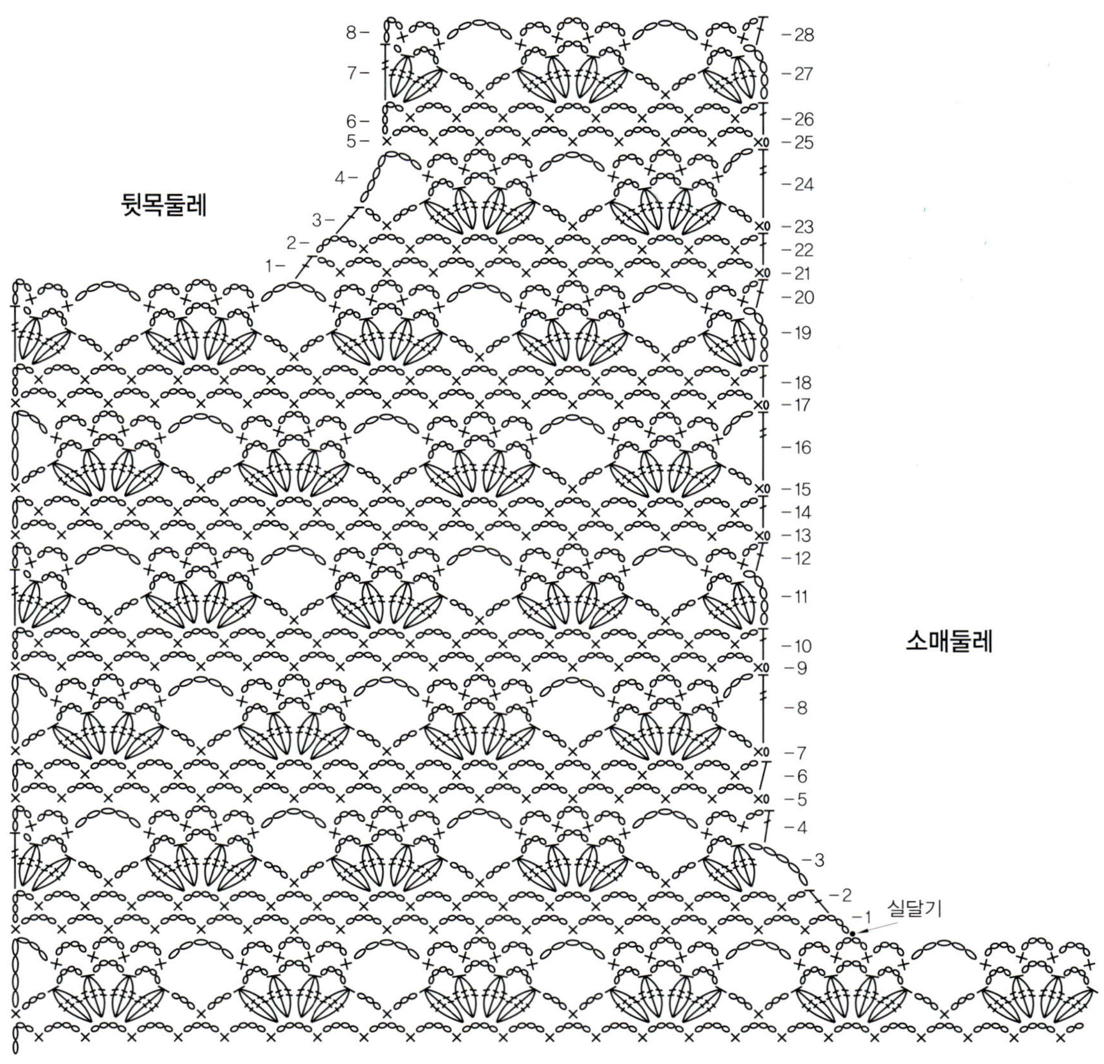

앞목둘레 (도안 3)

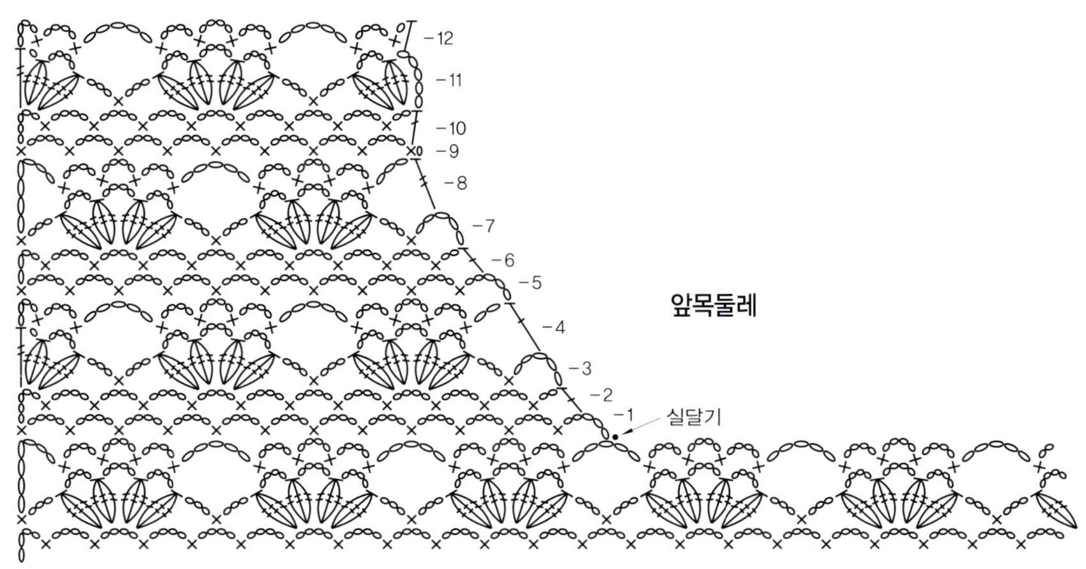

knitting

7 붉은 자주색 볼레로

1. V넥 부분은 무늬뜨기 B로 뜬다.
2. 앞섶은 라운드뜨기로 한다. (모든 단을 하나의 틀로 떠서 연결점이 없게 한다.)
3. 앞판 밑단은 라운드를 만들어 준다. (곡선줄이기를 해서 라운드 느낌을 만든다.)
4. 소매 몸판은 무늬뜨기 A로 뜨고 소매 끝단은 무늬뜨기 B로 뜬다.

붉은 자주색 볼레로

① 뒤판은 붉은 자주색 실로 사슬 151코를 만들어 무늬뜨기 A 6무늬＋1코로 42단을 떠서 만든다.

② ①이 끝나면 처음 시작 사슬코에서 양끝 51코씩 2곳을 양쪽 앞판 시작코로 하여 무늬뜨기 A 2무늬＋1코씩 해서 앞판을 뜨는데 도안 1을 참고하여 앞판 곡선뜨기를 한다.

③ 몸판이 다 되면 앞, 뒤 36단되는 지점에서 각각 151코씩 짧은뜨기 1단을 떠 주고 소매를 뜨는데 도안 2를 참고하여 뜬다.

④ 몸판과 소매가 완성되면 사슬뜨기로 옆 솔기를 이어주고 무늬뜨기 B로 단뜨기를 하는데, 몸판 단은 588코를 주어 짧은뜨기 1단 뜨고 무늬뜨기 B 98무늬를 4단 뜨는데 원통뜨기로 뜬다.

⑤ 양소매 끝단은 각각 78코를 주어 짧은뜨기 1단 뜨고 무늬뜨기 B 13무늬를 3단 뜨는데 시작부분마다 반 무늬씩 줄여준다. 끝단에는 무늬뜨기 B 12무늬가 되도록 한다.

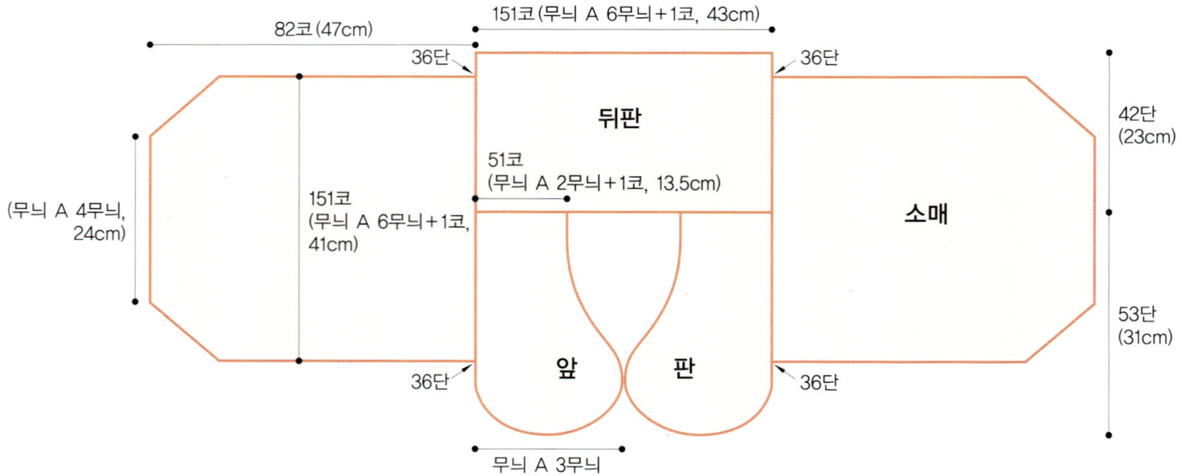

앞 판 (도안 1)

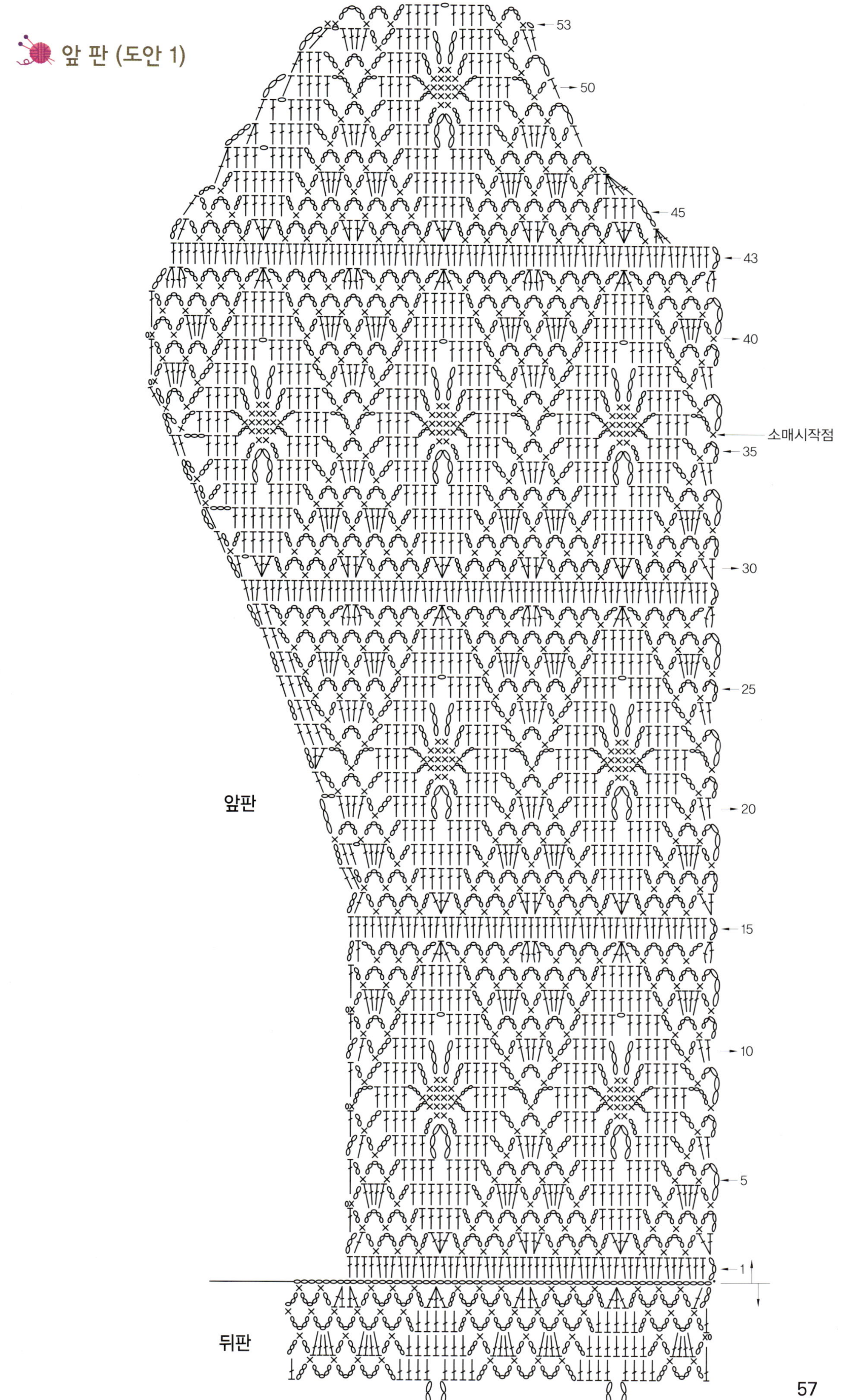
53
50
45
43
40
소매시작점
35
30
25
앞판
20
15
10
5
1
뒤판

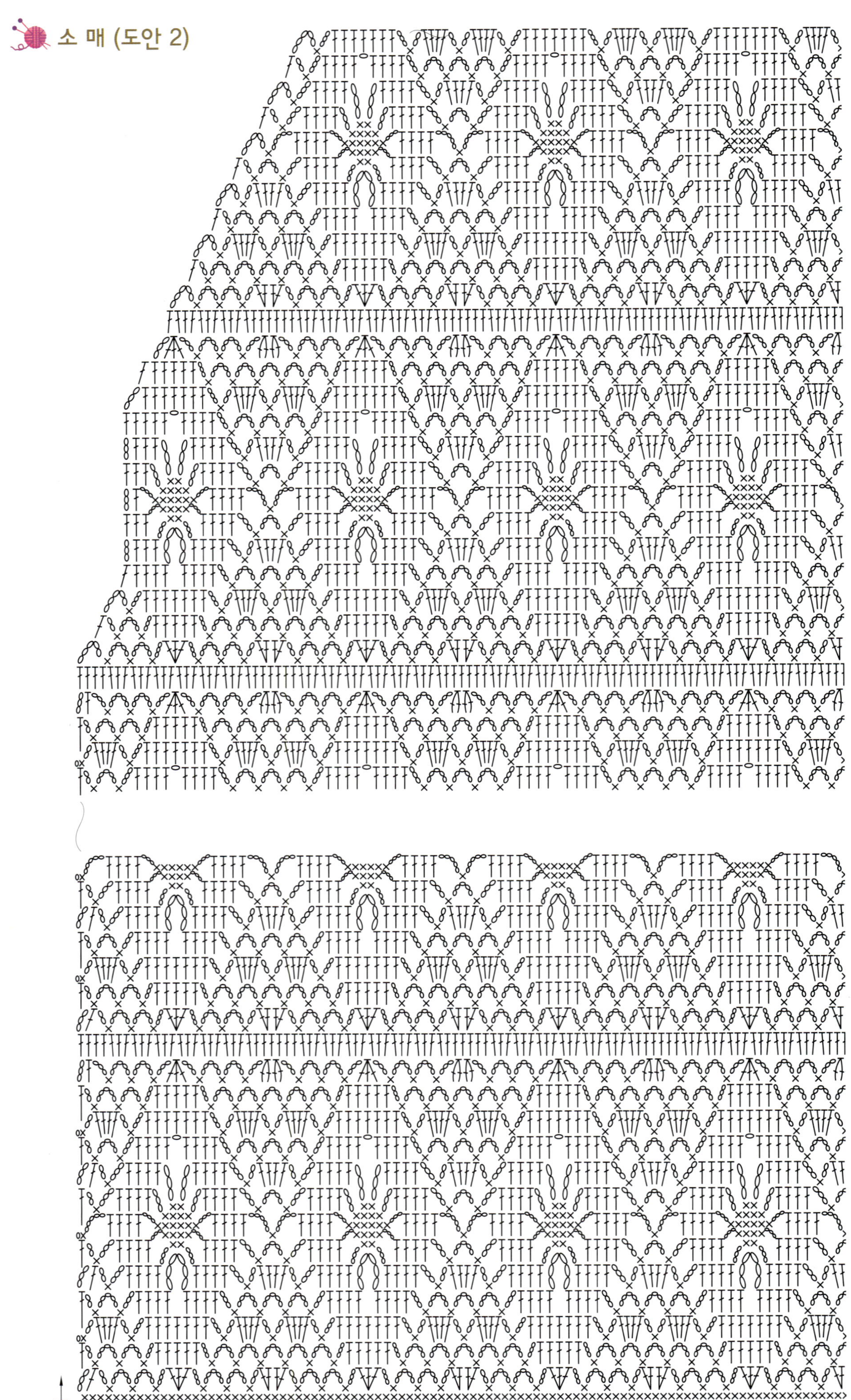

82
80
75
70
65
60
57
55
53
22
20
15
10
5
1

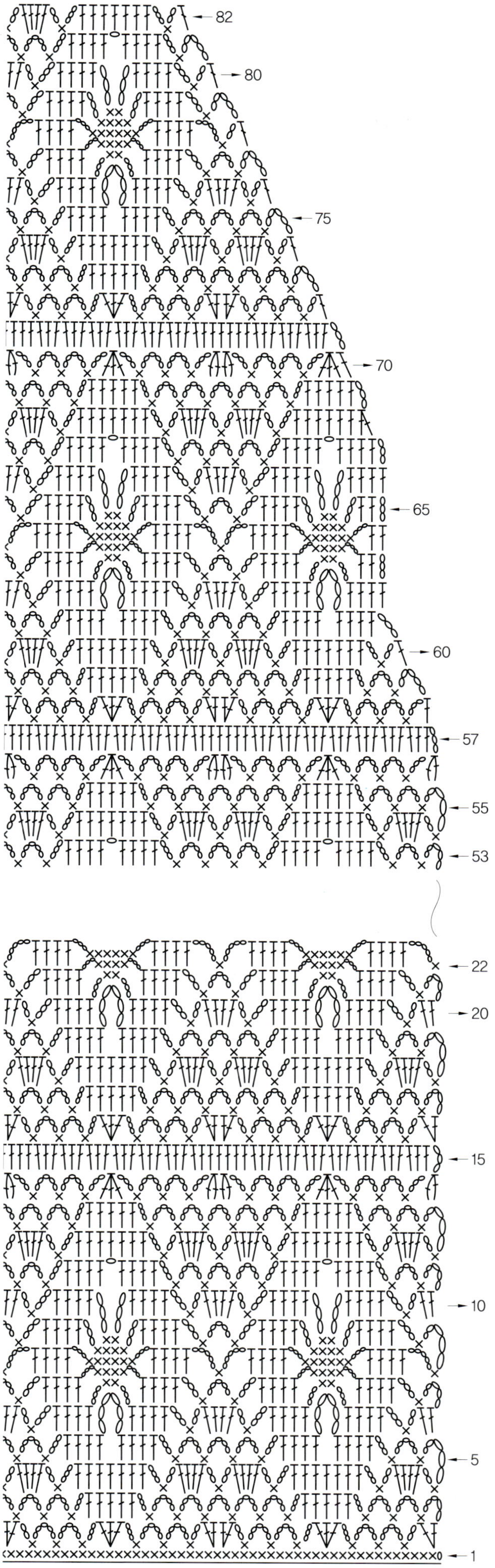

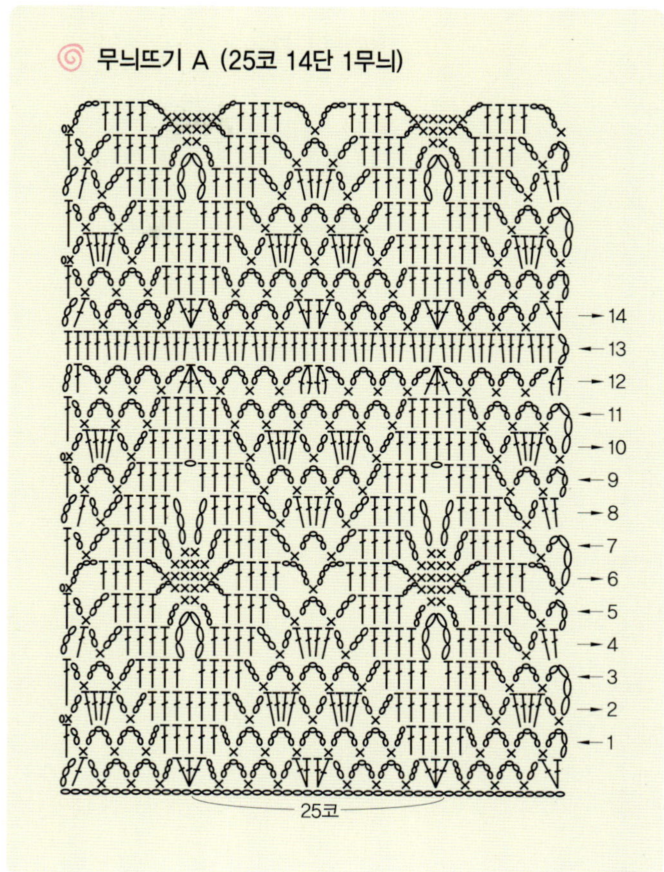

무늬뜨기 A (25코 14단 1무늬)

14
13
12
11
10
9
8
7
6
5
4
3
2
1
25코

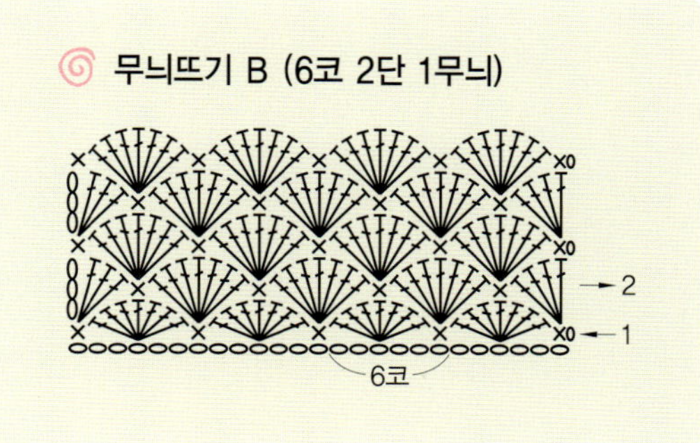

무늬뜨기 B (6코 2단 1무늬)

2
1
6코

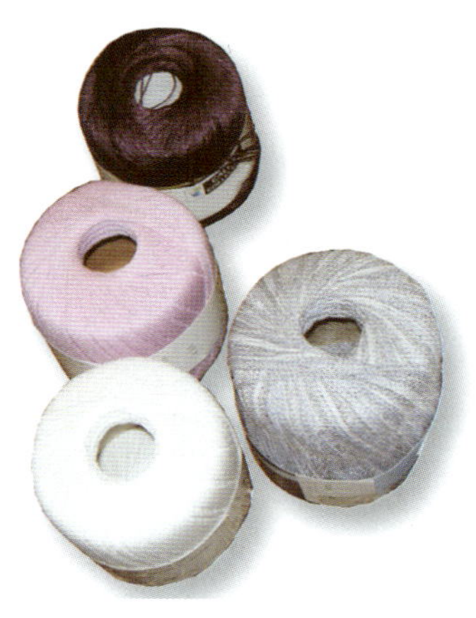

knitting

8 연분홍 셔츠

1. 라운드 넥은 무늬뜨기 B로 떠서 마무리한다.
2. 민소매 단뜨기는 무늬뜨기 B로 떠서 마무리한다.
3. 모티브 B 부분
4. 모티브 A와 모티브 B의 연결 부분

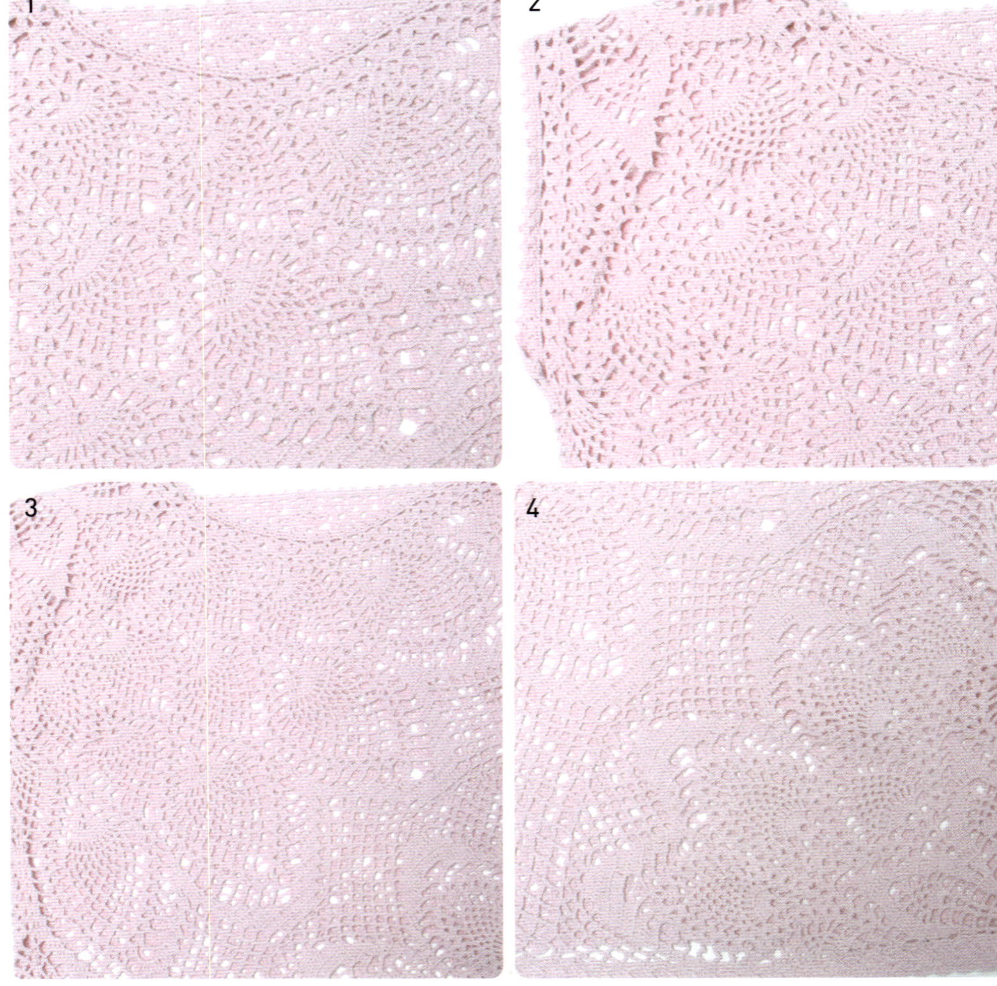

연분홍 셔츠

1. 뒤판은 사슬 146코를 만들어 무늬뜨기 A 6무늬+1코로 시작하여 59단을 뜬다.

2. 앞판은 모티브 A와 모티브 B를 각각 떠서 도안 1을 참고하여 붙인다.

3. 뒤판은 34단, 앞판은 37단까지 옆솔기를 이어주고, 어깨는 뒤판 1무늬씩, 앞판 13단을 각각 붙여준다.

4. 소매단은 125코를 주어 무늬뜨기 B로 뜨고 마무리한다.

5. 목단은 220코를 주어 무늬뜨기 B로 뜨고 마무리한다.

6. 밑단은 320코를 주어 무늬뜨기 C로 뜨고 마무리한다.

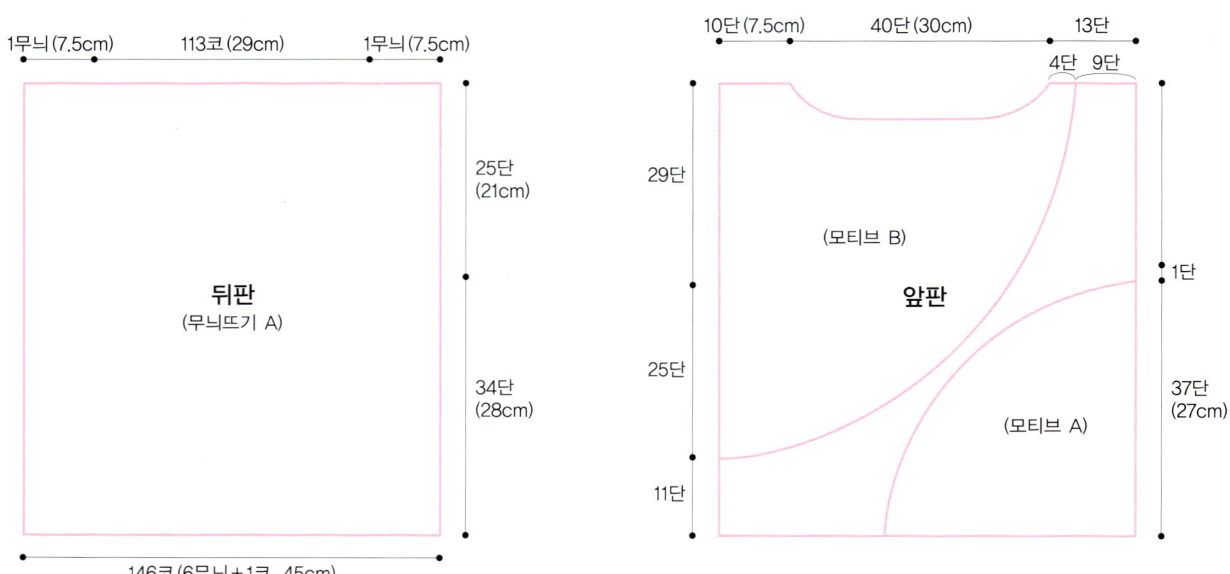

◎ 무늬뜨기 A (24코 16단 1무늬)

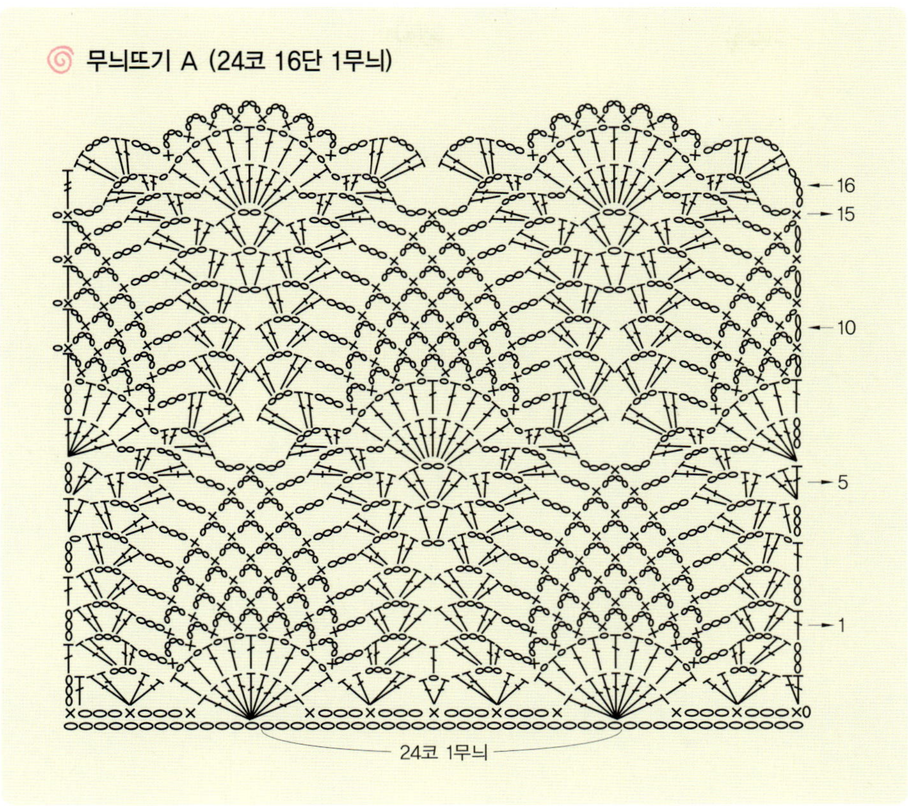

◎ 무늬뜨기 B (5코 5단 1무늬)

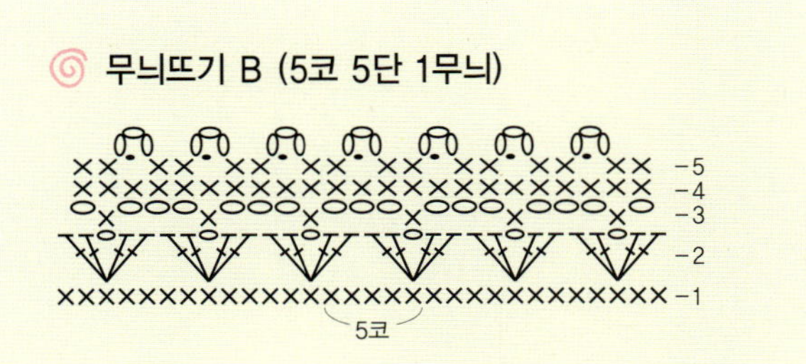

◎ 무늬뜨기 C (5코 4단 1무늬)

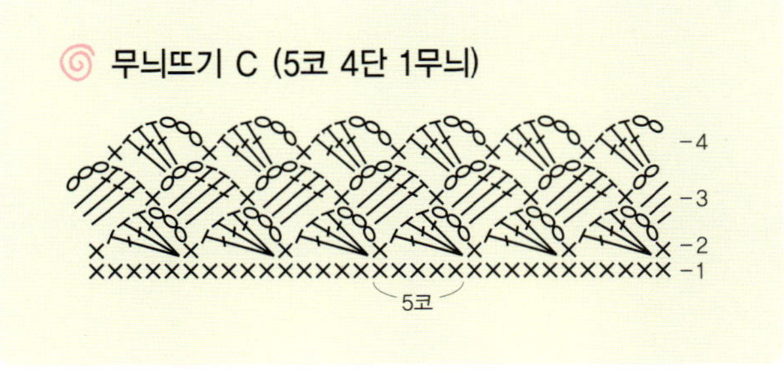

앞판 도안
1
5
10
1
5
B 모티브
40
35
30
25
앞목둘레
20
15
10

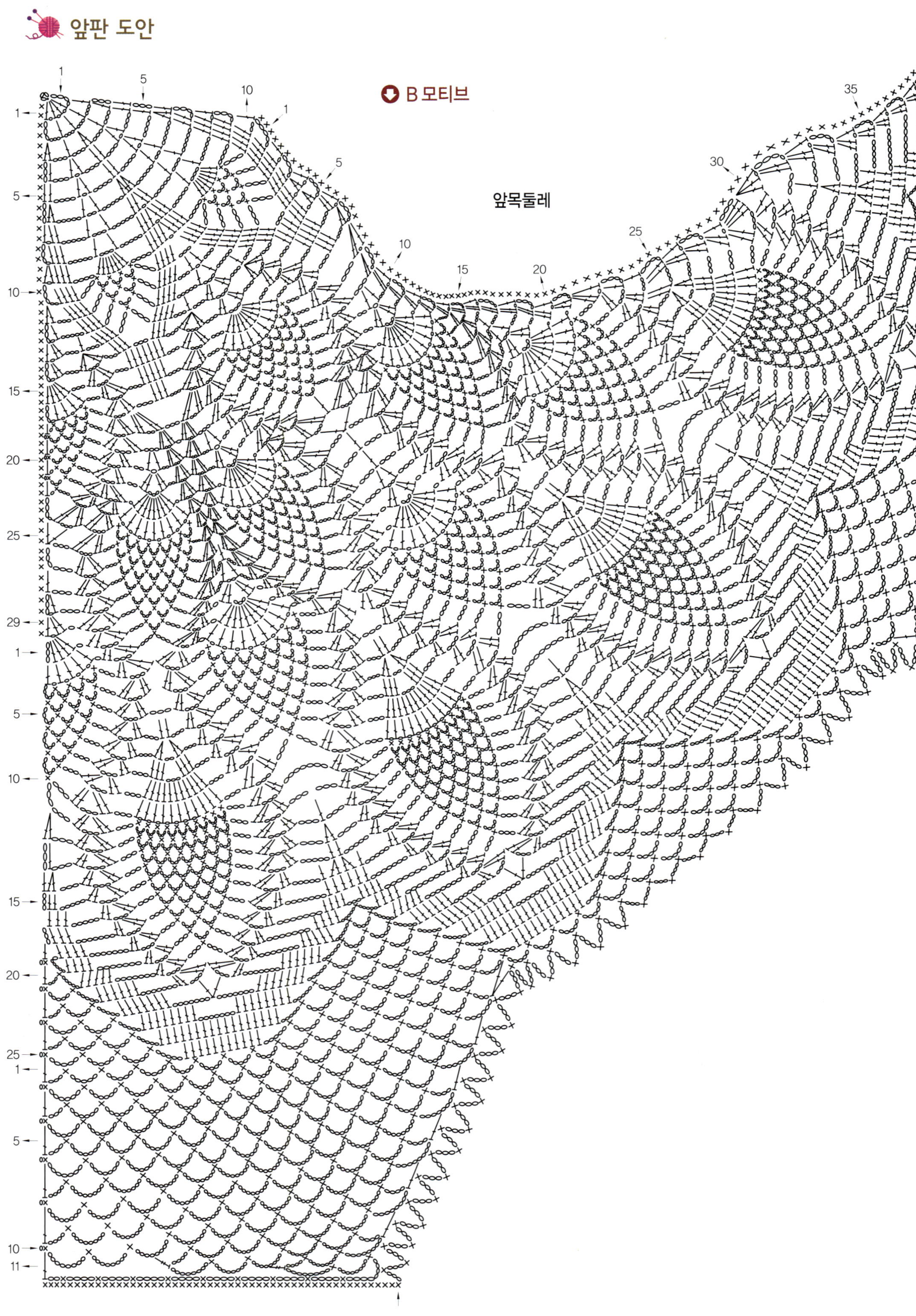

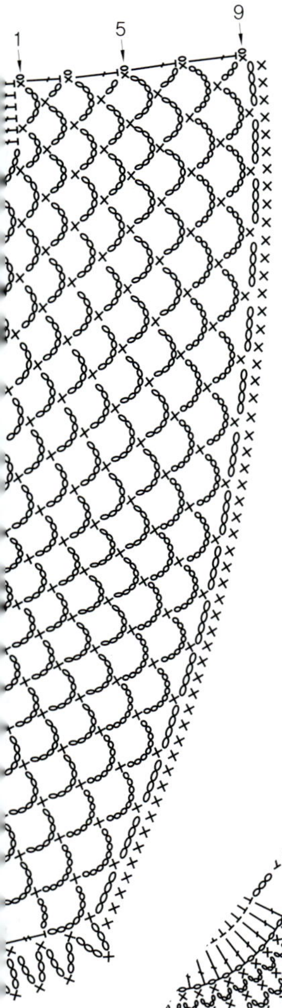

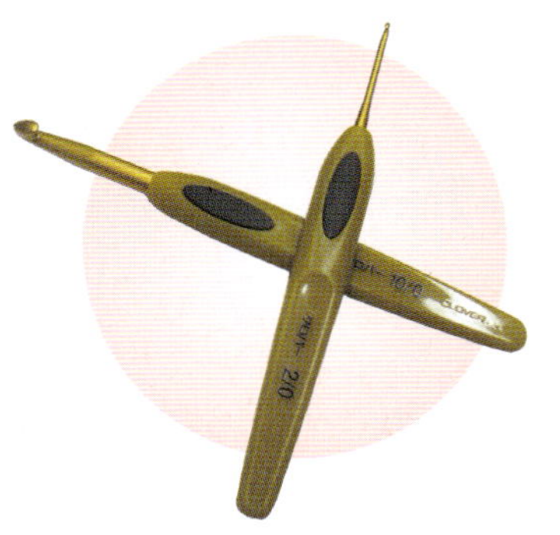

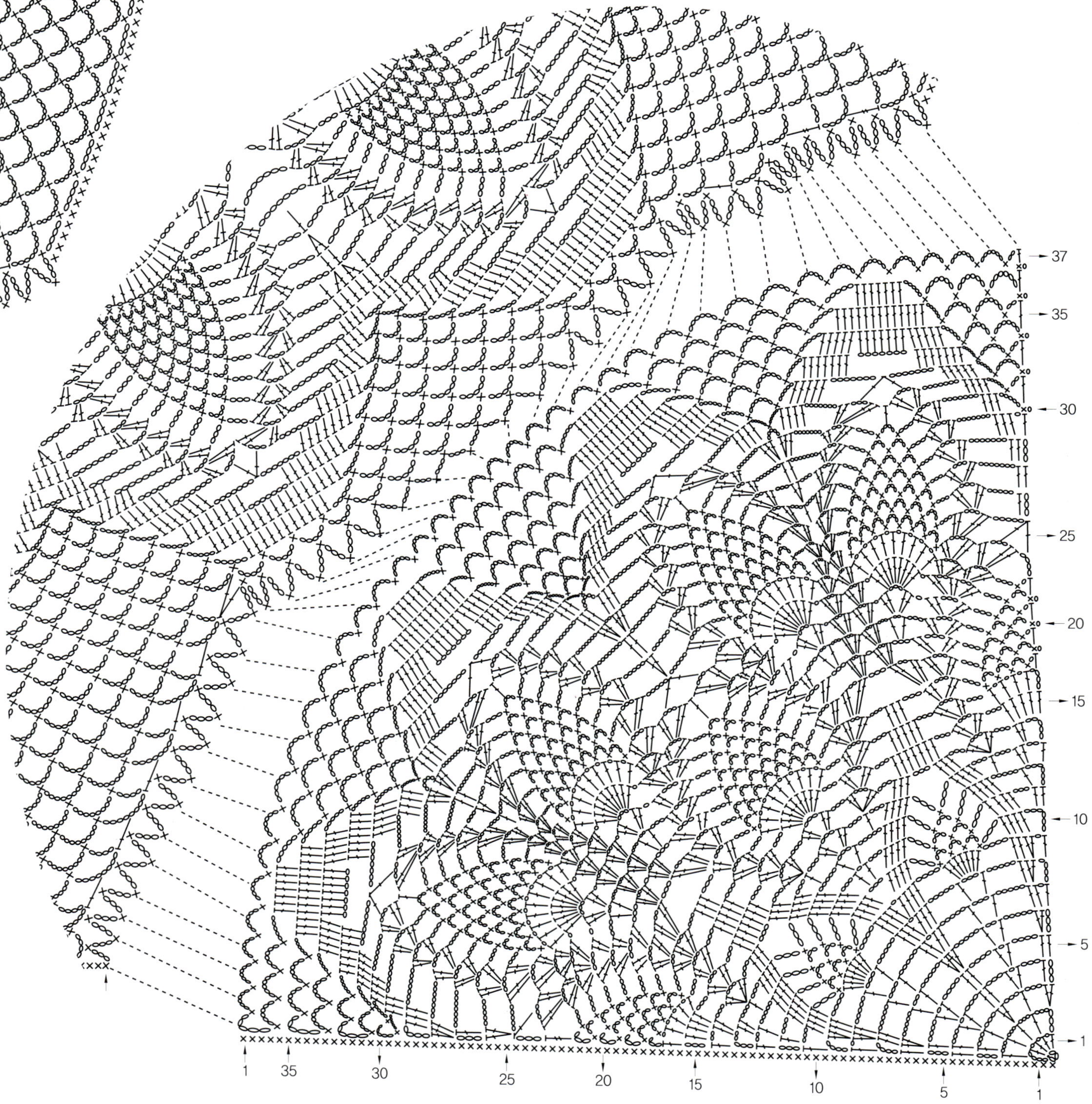

⬆ A 모티브

9 진회색 반팔 셔츠

1. 라운드넥은 1코고무뜨기로 뜨고 돗바늘로 마무리한다.
2. 밑단을 1코고무뜨기로 넓게 뜨면 허리가 날씬해 보인다.
3. 반소매 부분은 풍성한 느낌이 나도록 단을 가는 바늘로 떠 준다.
4. 몸판 무늬뜨기

완성 치수

66 size

재료와 도구

실　다이아갤러리(진회색)
바늘　줄바늘 2.5mm, 줄바늘 3.5mm, 돗바늘

① 줄바늘 3.5mm에 기본코 208코를 만들어 13코 1무늬인 무늬뜨기로 16무늬를 만들어 도안 1을 참고하여 목둘레를 시작으로 몸판 아래 방향으로 뜬다.

② 68단까지 뜨고 69단이 되면 앞·뒤판은 각각 5무늬, 양 소매는 각 3무늬씩 나누어 주고, 앞·뒤 몸판코 340코를 원통뜨기로 61단 더 떠준다. 밑단은 줄바늘 2.5mm로 바꾸어 1코고무뜨기 46단 뜨고 돗바늘로 마무리한다.

③ 소매는 양쪽으로 나누어 102코를 원통뜨기로 43단 더 뜨고 줄바늘 2.5mm로 바꾸어 1코고무뜨기 12단을 뜬 다음 돗바늘로 마무리한다.

④ 목단은 줄바늘 2.5mm를 이용해 208코를 주어 1코고무뜨기로 18단을 원통뜨기한 후 돗바늘로 마무리한다.

니트 물 세탁법

① 찬물에 모직 세탁용 세제를 풀어 물 표면이 조밀한 거품으로 덮이도록 휘젓는다. 모직 세탁용 세제가 없으면 머리 감는 샴푸나 부엌용 중성 세제를 사용해도 되나 거품이 많아 모직 세탁용 세제보다 사용량을 줄여 사용한다.

② 단추가 있는 옷은 뒤집어서 세탁하고 때가 많이 탄 부분은 비비지 말고 가볍게 조물거려 세탁한다.

③ 세제에 담가 빨던 옷을 건저 물기와 세제 거품을 뺀다.

④ 맑은 물에 여러 번 가볍게 눌러 헹구어 세제를 완전히 빼내어 거품이 생기지 않도록 한다.

⑤ 마지막 헹구는 물에 섬유 린스를 넣고 니트를 담가 가볍게 누른다. 섬유 린스가 없을 땐 식초나 레몬즙을 한 스푼 넣고 사용해도 괜찮다.

⑥ 다 헹군 옷을 건져내어 크게 접은 뒤 보자기에 싸서 탈수기에 넣어 탈수한다.

⑦ 탈수가 끝나면 꺼내어 툴툴 털어 구김을 피고 옷 모양대로 펴서 건조대 위에 펼쳐 널거나 넓은 채반에 담아 바람이 잘 통하는 그늘에서 말린다.

⑧ 충분히 말랐으면 헝겊을 씌운 뒤 스팀다리미로 줄어든 곳은 늘리고 옷 모양을 바로 잡으면서 다린다.

⑨ 보푸라기가 생긴 곳은 잡아당기지 말고 가위로 잘라낸다.

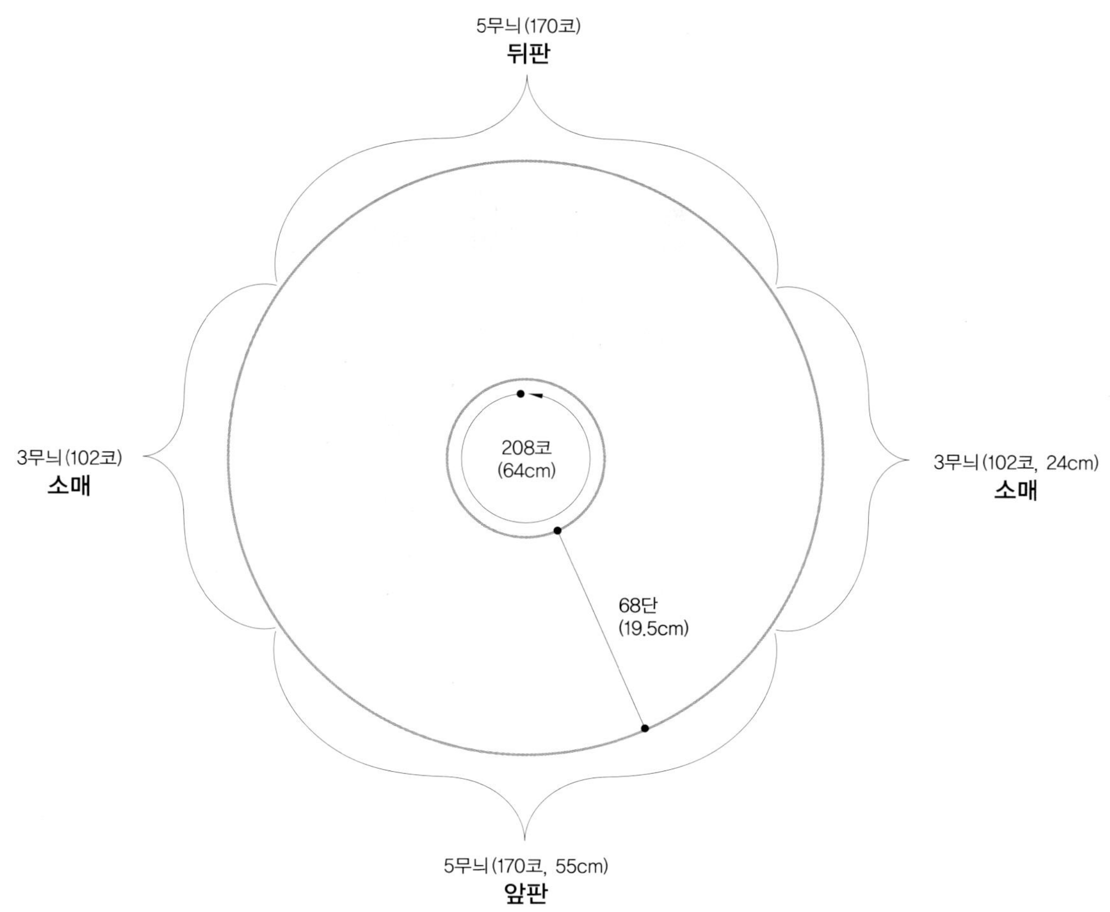

5무늬 (170코)
뒤판
3무늬 (102코)
소매
3무늬 (102코, 24cm)
소매
208코
(64cm)
68단
(19.5cm)
5무늬 (170코, 55cm)
앞판

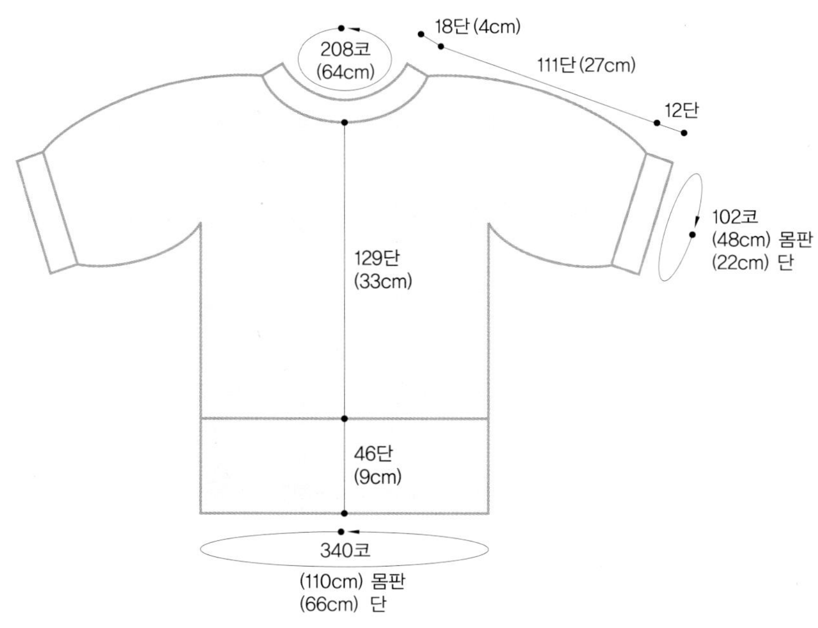

18단 (4cm)
208코
(64cm)
111단 (27cm)
12단
102코
(48cm) 몸판
(22cm) 단
129단
(33cm)
46단
(9cm)
340코
(110cm) 몸판
(66cm) 단

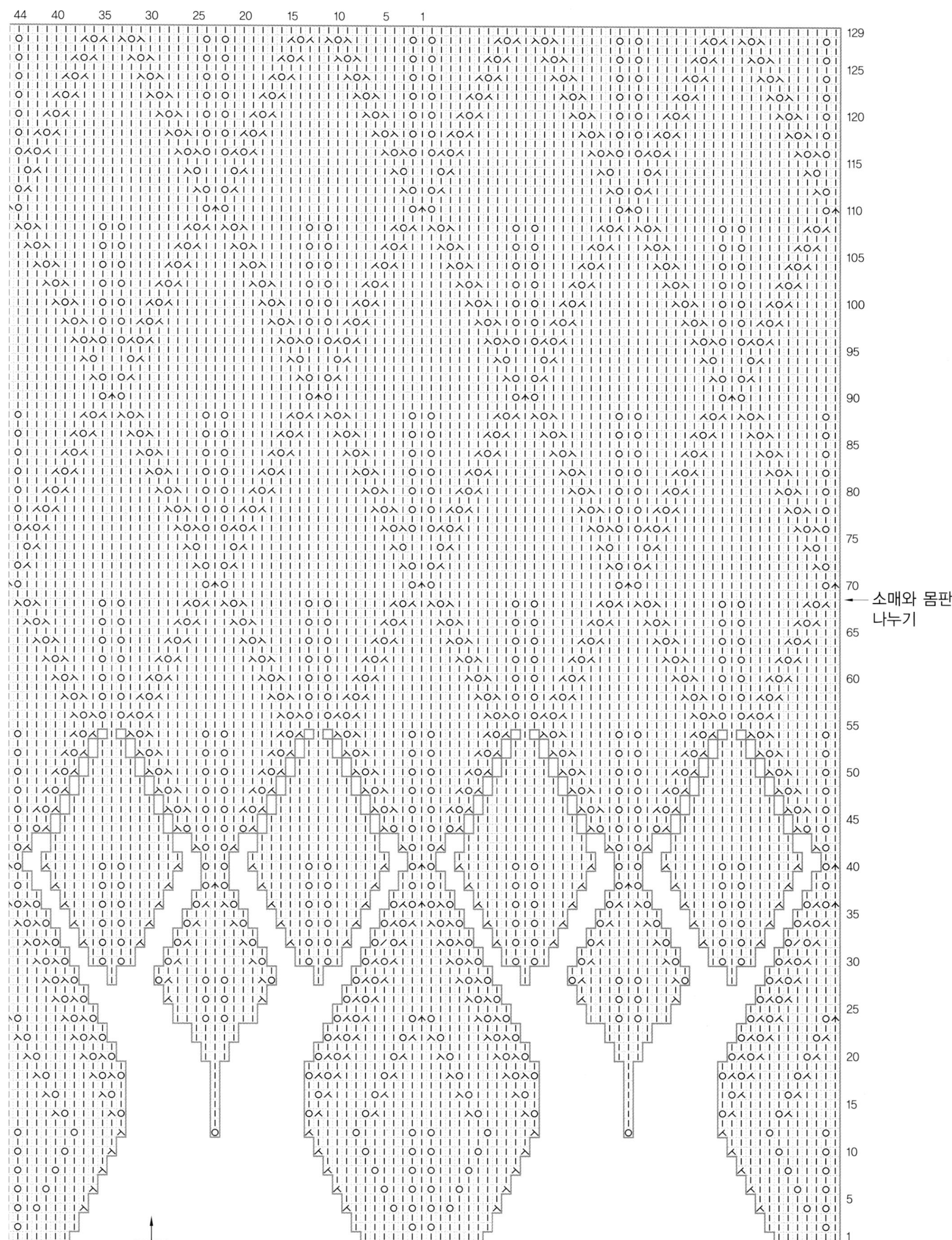

소매와 몸판
나누기

knit for you

Part 02
클래식 정장 니트

knitting

아이보리 투피스

1. 반폴라 넥은 무늬뜨기 A–1로 뜬 뒤 돗바늘로 마무리한다.
2. 윗옷 밑단의 마무리는 무늬뜨기 B로 장식 마무리한다.
3. 소매는 무늬뜨기 A로 몸판을 뜨고 끝단은 무늬뜨기 B로 장식 마무리한다.
4. 치마 밑단은 코바늘로 되돌아짧은뜨기 1단 떠서 마무리한다.

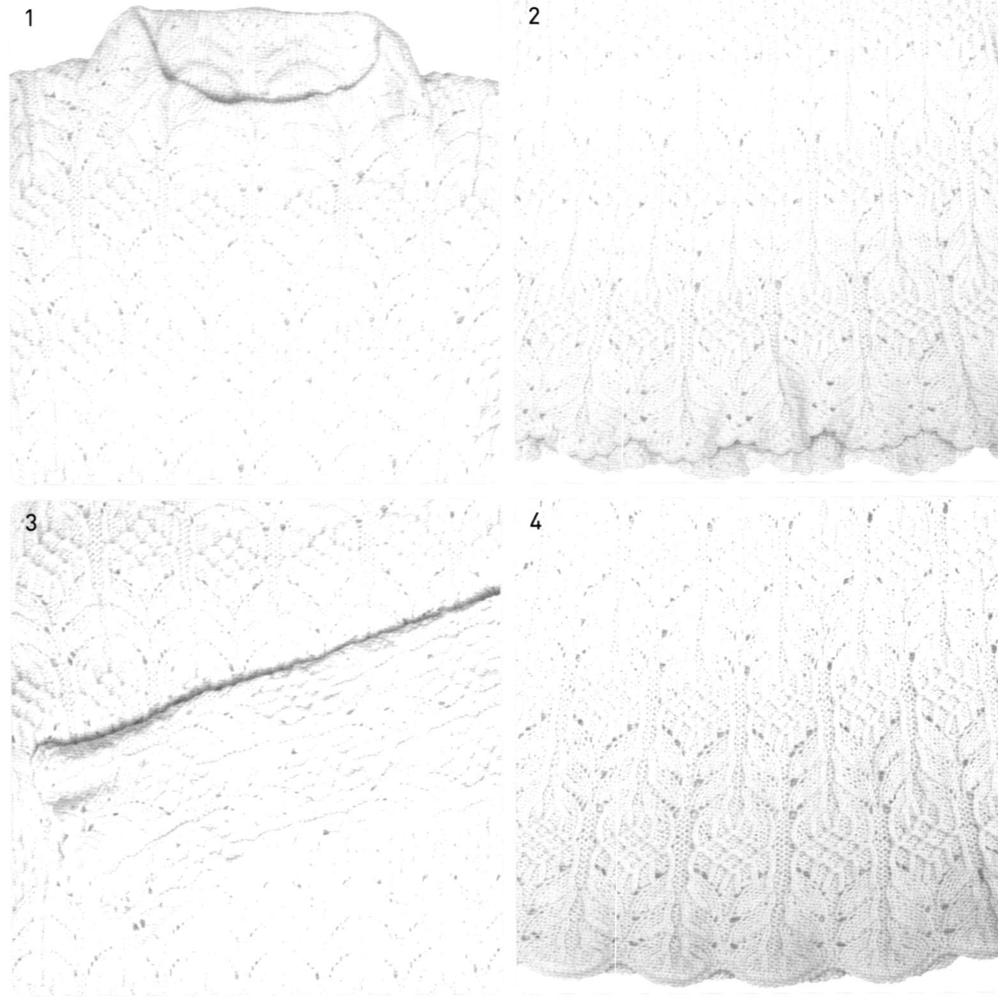

✚✚ 아이보리 투피스

완성 치수

66 size

재료와 도구

실 울소프트(아이보리)

바늘 줄바늘 4.5mm, 돗바늘, 코바늘 6호

부속품 고무밸트, 치마 안감

【윗옷】

① 뒤판은 기본코 128코를 만들어 무늬뜨기 A 7무늬로 시작해서 112단까지 뜨고 소매둘레를 만드는데 양옆 가장자리를 각각 8코 막음한 뒤 2단마다 4코, 3코, 2코, 1코 순으로 줄여 92코가 되게 한다.

② 뒤판 160단까지 뜨고 뒤목둘레를 만드는데 양 어깨코 각 20코를 7단 뜨고 마친다. (도안 1 참고)

③ 앞판은 기본코 146코를 만들어 무늬뜨기 A 8무늬로 시작해서 112단까지 뜨고 소매둘레를 만드는데 양옆 가장자리를 각각 8코 막음 뒤 2단마다 4코, 3코, 2코, 1코 순으로 줄여 110코가 되게 한다.

④ 앞판 142단까지 뜨고 가운데 50코를 빼놓고 양옆 가장자리를 2단마다 각각 4코, 3코, 2코, 1코 순으로 줄여 어깨코 20코가 되게 하고 18단을 뜬 다음 뒤판 어깨와 마주 붙인다.

⑤ 앞·뒤판 옆 솔기도 돗바늘로 붙여준다.

⑥ 목둘레는 146코를 주어 무늬뜨기 A-1로 18단을 뜬 다음 돗바늘로 마무리하고, 밑단은 코바늘 6호로 무늬뜨기 B 90무늬 1단을 뜨고 마친다.

⑦ 소매는 기본코 74코를 만들어 무늬뜨기 A 4무늬로 시작해서 146단까지 뜨는데 양옆 가장자리를 6단마다 1코 늘리기 18회한다.

⑧ 소매산은 양옆 가장자리를 각각 6코 막음한 뒤 2단마다 3코, 2코, 1코-13회, 2코, 3코 순으로 줄이고, 나머지 코는 막음코로 마무리한다.

⑨ 소매는 2장 떠서 옆 솔기를 붙인 후 몸판에 달아주고, 밑단은 코바늘 6호로 무늬뜨기 B 24무늬를 만들어 1단 뜬 다음 마치고 몸판에 달아준다.

【치마】

① 치마는 기본코 146코를 만들어 무늬뜨기 A로 8무늬 평 112단 뜨고 6단마다 양옆 가장자리에 1코씩 줄이기 9회한다.

② ❶를 2장 뜨고 옆 솔기를 붙인 후 허리코 256코를 1/2로 줄여 128코가 되게 하고 메리야스뜨기 24단 뜬 다음 막음코로 막음한 뒤 고무밸트를 넣고 반으로 접어 감침질한다.

③ 치마 밑단은 무늬뜨기 B로 96무늬 1단 떠서 마무리한다.

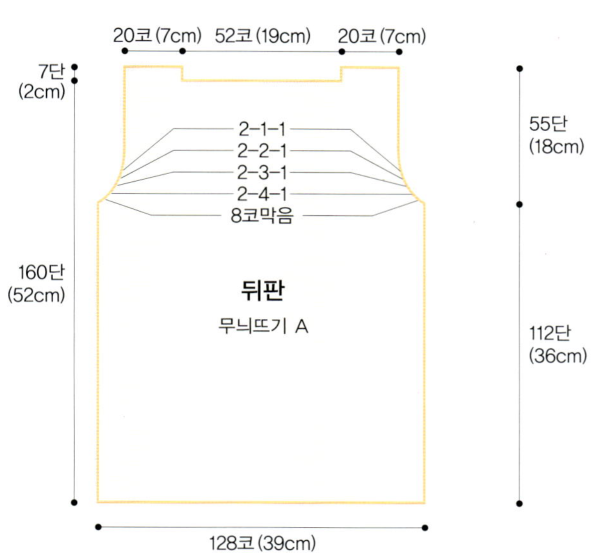

20코(7cm) 52코(19cm) 20코(7cm)
7단(2cm)
2-1-1
2-2-1
2-3-1
2-4-1
8코막음
뒤판
무늬뜨기 A
160단(52cm)
55단(18cm)
112단(36cm)
128코(39cm)

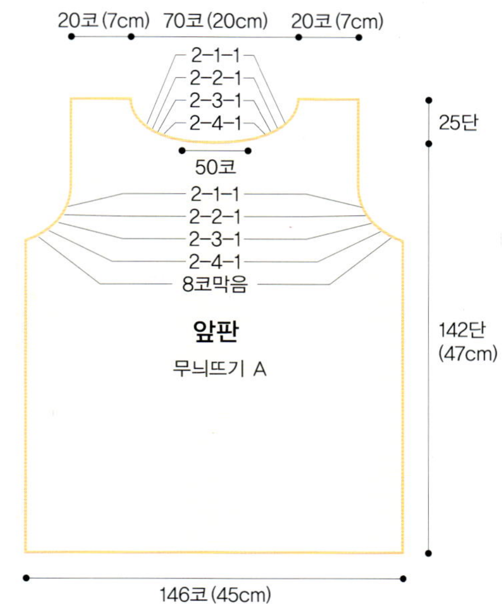

20코(7cm) 70코(20cm) 20코(7cm)
2-1-1
2-2-1
2-3-1
2-4-1
50코
2-1-1
2-2-1
2-3-1
2-4-1
8코막음
앞판
무늬뜨기 A
25단
142단(47cm)
146코(45cm)

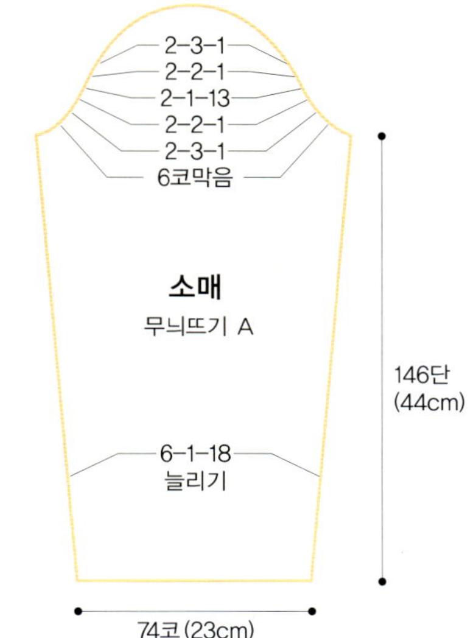

2-3-1
2-2-1
2-1-13
2-2-1
2-3-1
6코막음
소매
무늬뜨기 A
146단(44cm)
6-1-18
늘리기
74코(23cm)

24단(8cm)
128코
6-1-9 줄이기
치마
무늬뜨기 A
166단(54cm)
146코(45cm)

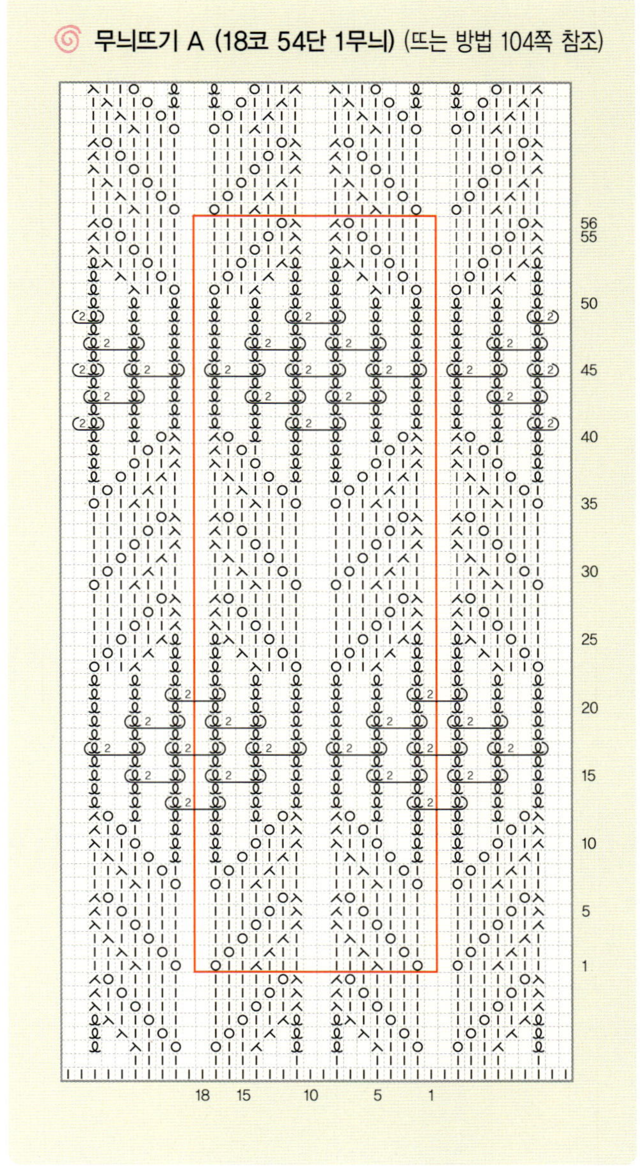

무늬뜨기 A (18코 54단 1무늬) (뜨는 방법 104쪽 참조)
56
55
50
45
40
35
30
25
20
15
10
5
1
18 15 10 5 1

뒷목둘레

소매둘레

무늬뜨기 A-1 (18코 18단 1무늬)

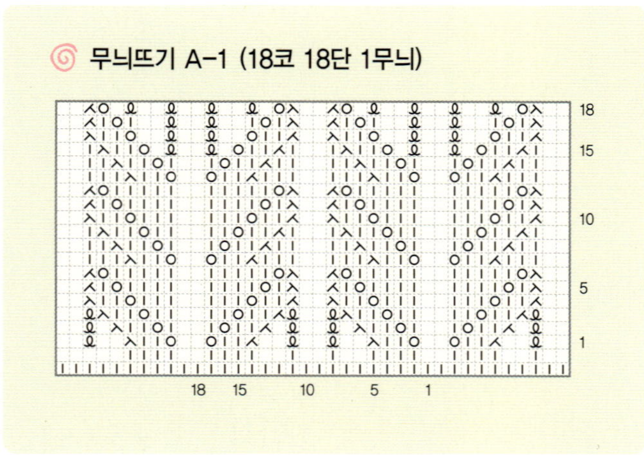

무늬뜨기 B (3코 1단 1무늬)

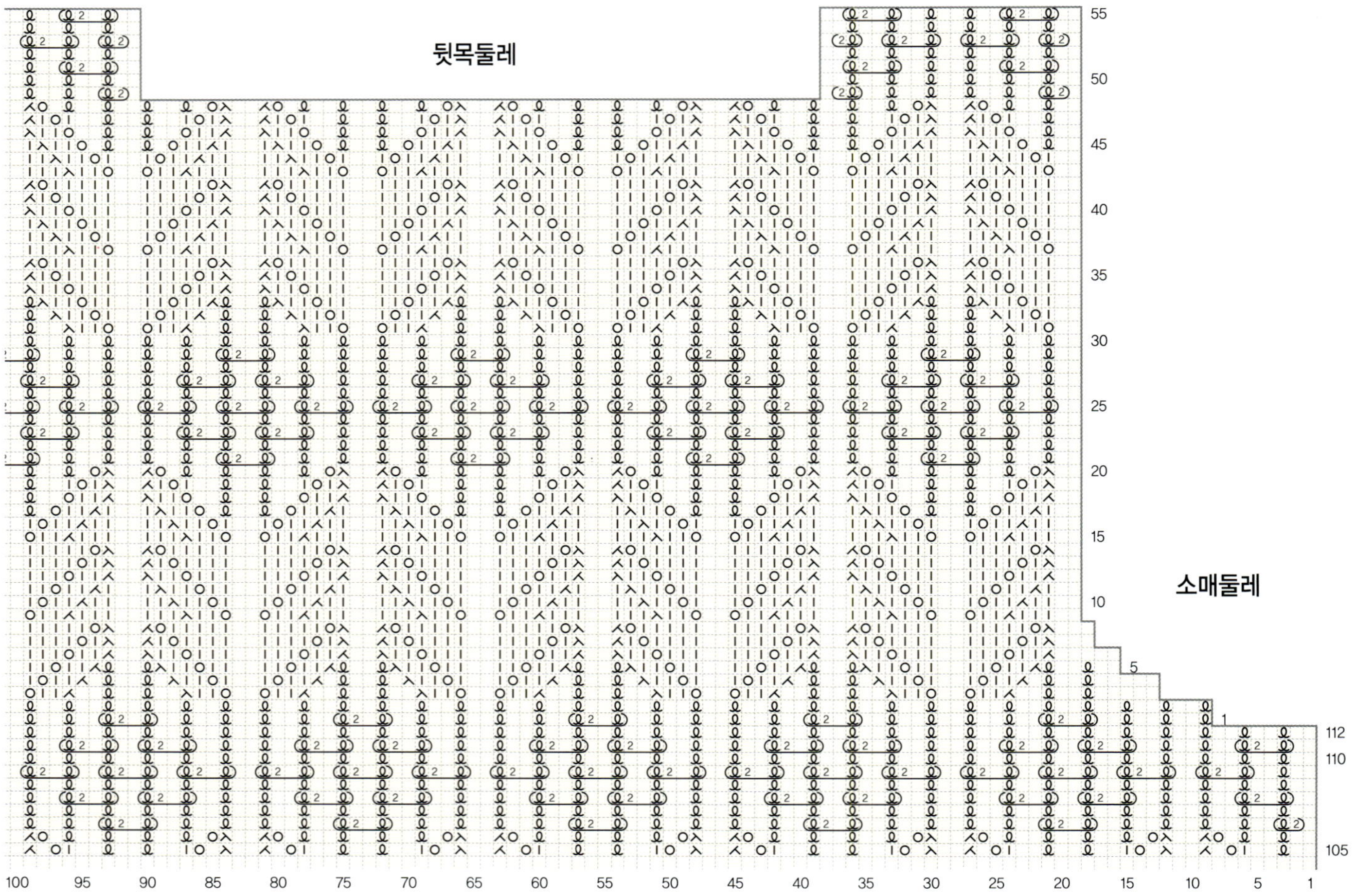

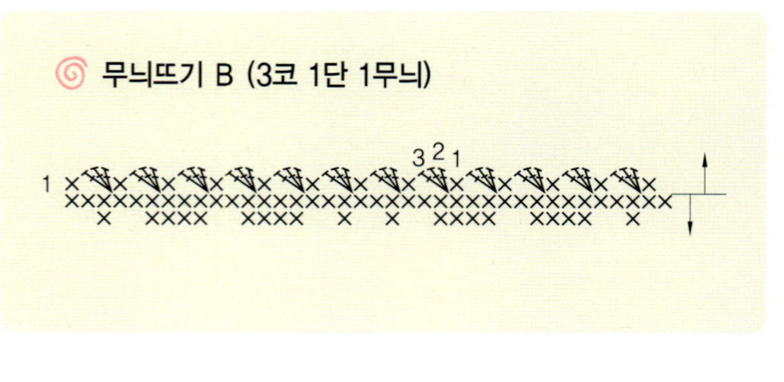

앞 판 (도안 2)
앞목둘레
소매둘레

치 마 (도안 4)

2 차이니시 정장

1. 라운드 넥은 1코고무뜨기로 뜨다 가장자리코를 주어 이면뜨기 뜬 후 마무리한다.
2. 사선 여밈단 부분은 이면뜨기로 6단 뜨고 돗바늘로 마무리한다.
3. 밑단 무늬뜨기 시작은 기본코로 만들었으므로 코바늘로 되돌아짧은뜨기 1단 떠서 장식한다.
4. 옆트임 부분은 코바늘로 되돌아짧은뜨기 1단 떠서 장식한다.

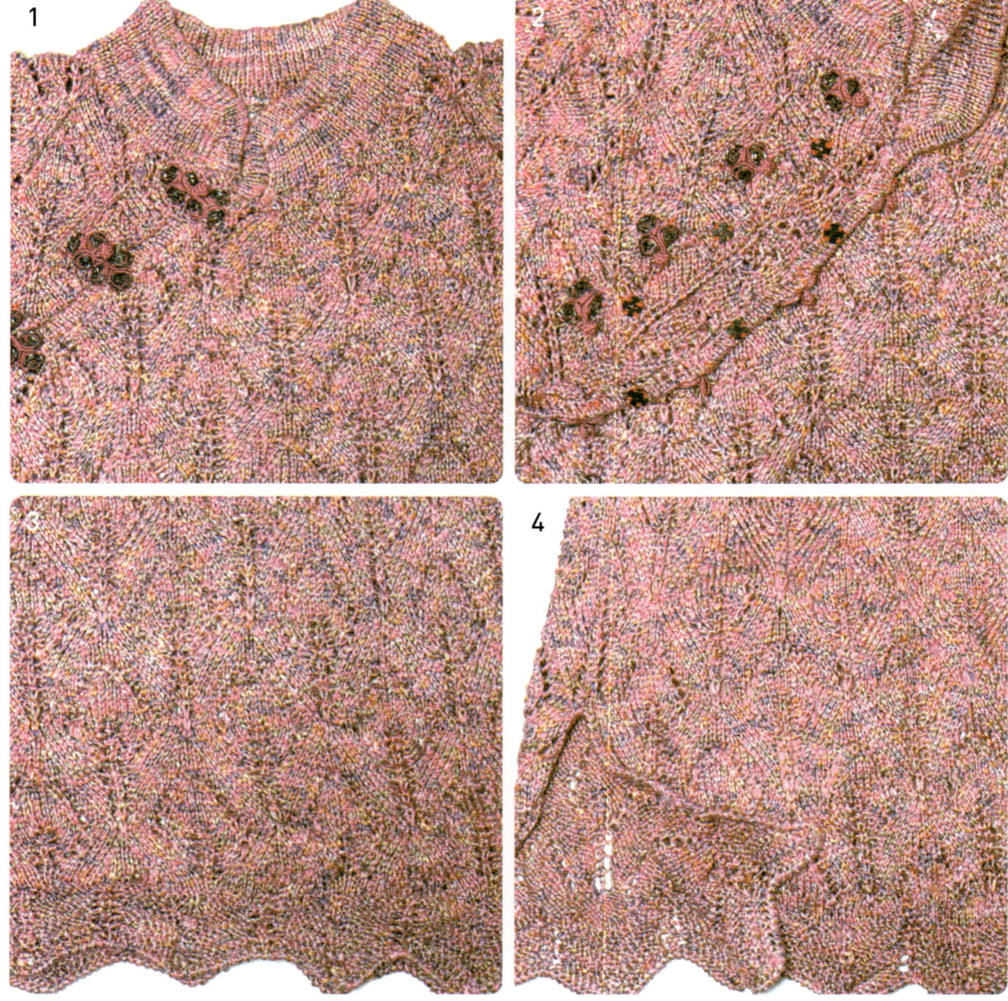

차이니시 정장

66 size

실 filati 실크사(핑크+카키나염)
바늘 4mm 줄바늘, 돗바늘, 코바늘 5호
부속품 스냅단추 3 set, 매듭단추 4 set, 치마 안감, 고무밸트

뜨 는 방 법

【윗옷】

1. 뒤판은 기본코 103코를 만들어 무늬뜨기 A로 15단을 뜨고, 무늬뜨기 B로 100단을 뜬 다음, 소매둘레를 만든다.

2. 소매둘레는 양옆 가장자리를 각각 4코 막음한 뒤 2단마다 3코, 2코, 1코 순으로 줄여 83코가 되게 하여 60단까지 뜬 다음, 뒷목둘레를 만든다.

3. 뒷목둘레는 양 어깨코 각 23코만 7단 더 뜨고 마친다.(도안 1 참고)

4. 앞판은 기본코 123코를 만들어 무늬뜨기 A로 15단 뜨고, 무늬뜨기 B로 82단까지 뜬 다음, 83단째 오른쪽 겨드랑이 쪽으로 5코 막음한 뒤 1단마다 1코 줄이기 53회하고, 앞목둘레를 만든다.

5. 앞목둘레는 8코 막음한 뒤 2단마다 3코, 2코, 1단마다 1코-19회 줄여준다.(도안 2 참고)

6. 앞판 오른쪽 어깨 판은 기본코 7코를 만들어 평 5단 뜬 뒤 2단마다 2코 걸림코 만들기 29회하고 평 14단 뜬 뒤 앞목둘레를 만든다.

7. 앞판 오른쪽 앞목둘레는 8코 막음한 뒤 2단마다 3코, 2코, 1단마다 1코-19회 줄여준다.(도안 3 참고)

8. 앞·뒤판이 완성되면 돗바늘로 양 어깨와 옆 솔기를 붙여주는데 옆 솔기에서 아래 33단은 오픈시켜 주고 붙인다.

9. 사선으로 된 앞단에 117코를 주어 이면뜨기 6단을 뜨고 돗바늘로 마무리한다.

10. 목단은 오른쪽 앞판에서 막음코 6코를 띄우고 시작해 왼쪽 앞판 앞목둘레 지점까지 183코를 주어 14단 이면뜨기한 뒤 양옆 단 부분에 각각 18코씩 더 주어 곡선을 만들며 6단 더 뜬 다음 돗바늘로 마무리하고 6단 오픈 부분과 처음 막음코 6코 부분을 돗바늘로 꿰매준다.

11. 밑단 부분은 코바늘 5호로 되돌아짧은뜨기 1단 떠서 마무리한다.

12. 소매는 기본코 83코를 만들어 무늬뜨기 A로 15단 뜨고 무늬뜨기 B로 36단 뜨는데 6단마다 1코를 양옆 가장자리에서 늘리기 5회한다.

13. ⑫가 끝나면 소매산을 만드는데, 양옆 가장자리를 각각 4코 막음한 뒤 2단마다 3코, 2코, 1코-14회, 2코, 3코 순으로 줄여주고 남은 코는 막음코로 마무리한다.(도안 4 참고)

14. 소매를 똑같이 1장 더 떠서 옆 솔기는 돗바늘로 붙여주고 밑단은 코바늘 5호로 되돌아짧은뜨기 1단을 뜬 뒤 몸판에 달아 완성한다.

15. 장식단추를 달아 마무리한다.

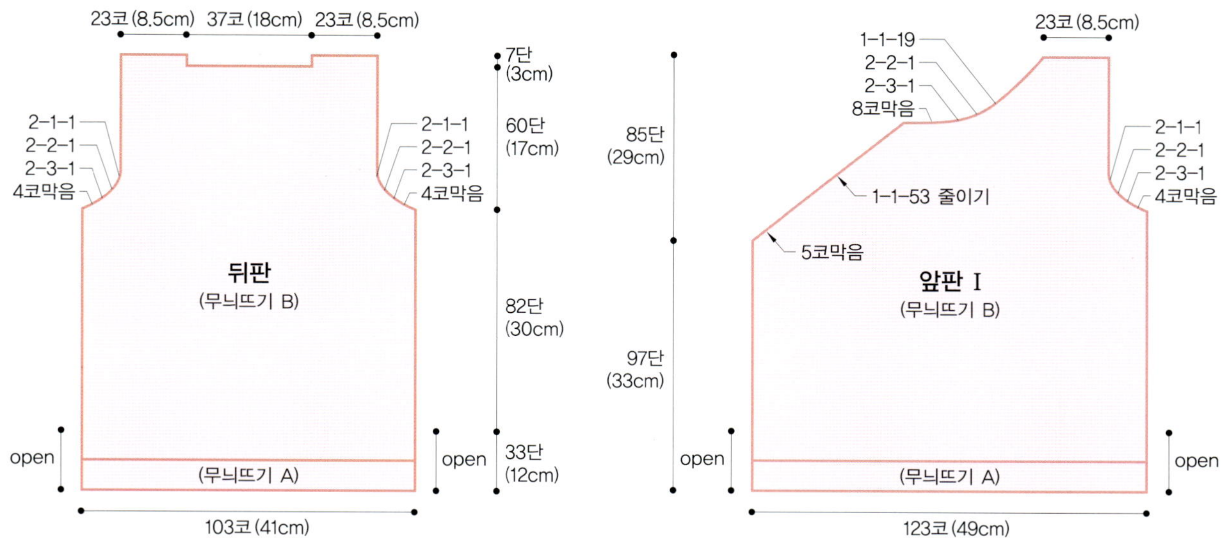

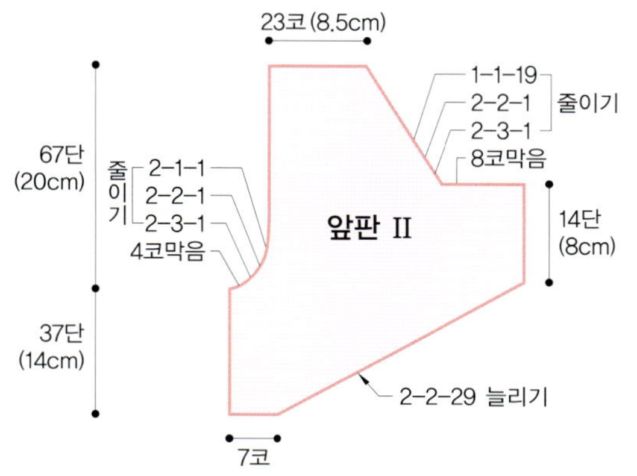

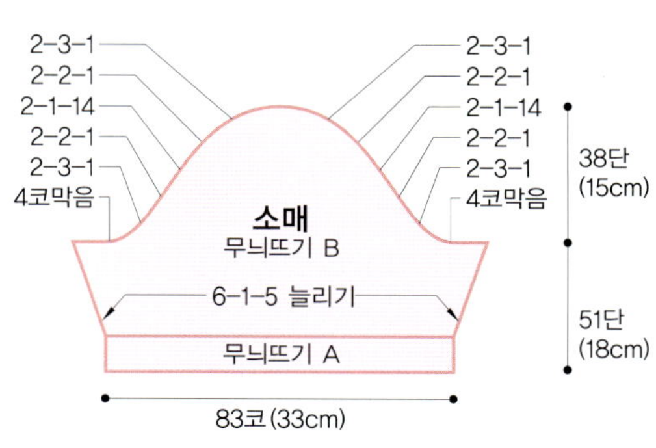

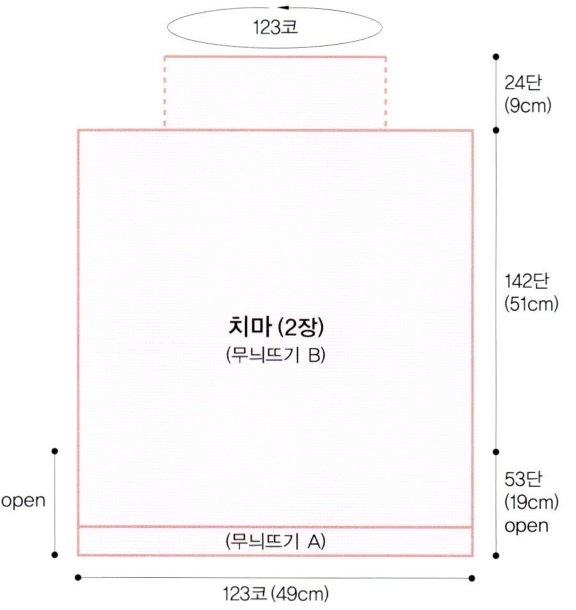

【치마】

1. 123코를 만들어 무늬뜨기 A로 15단 뜬 뒤, 무늬뜨기 B로 180단을 뜬다.

2. 똑같이 1장 더 뜬 뒤, 아래 단 53단을 오픈시키고 나머지 옆 솔기를 이어붙여 준다.

3. 원통이 되면 전체코 246코를 123코가 되고 줄여주고 메리야스뜨기 24단을 뜬 다음 막음코로 마무리한다. 고무밸트를 넣고 반으로 접어 감침질로 마무리한다.

4. 밑단은 되돌아짧은뜨기로 1단 떠서 마무리한다.

뒷목둘레

소매둘레

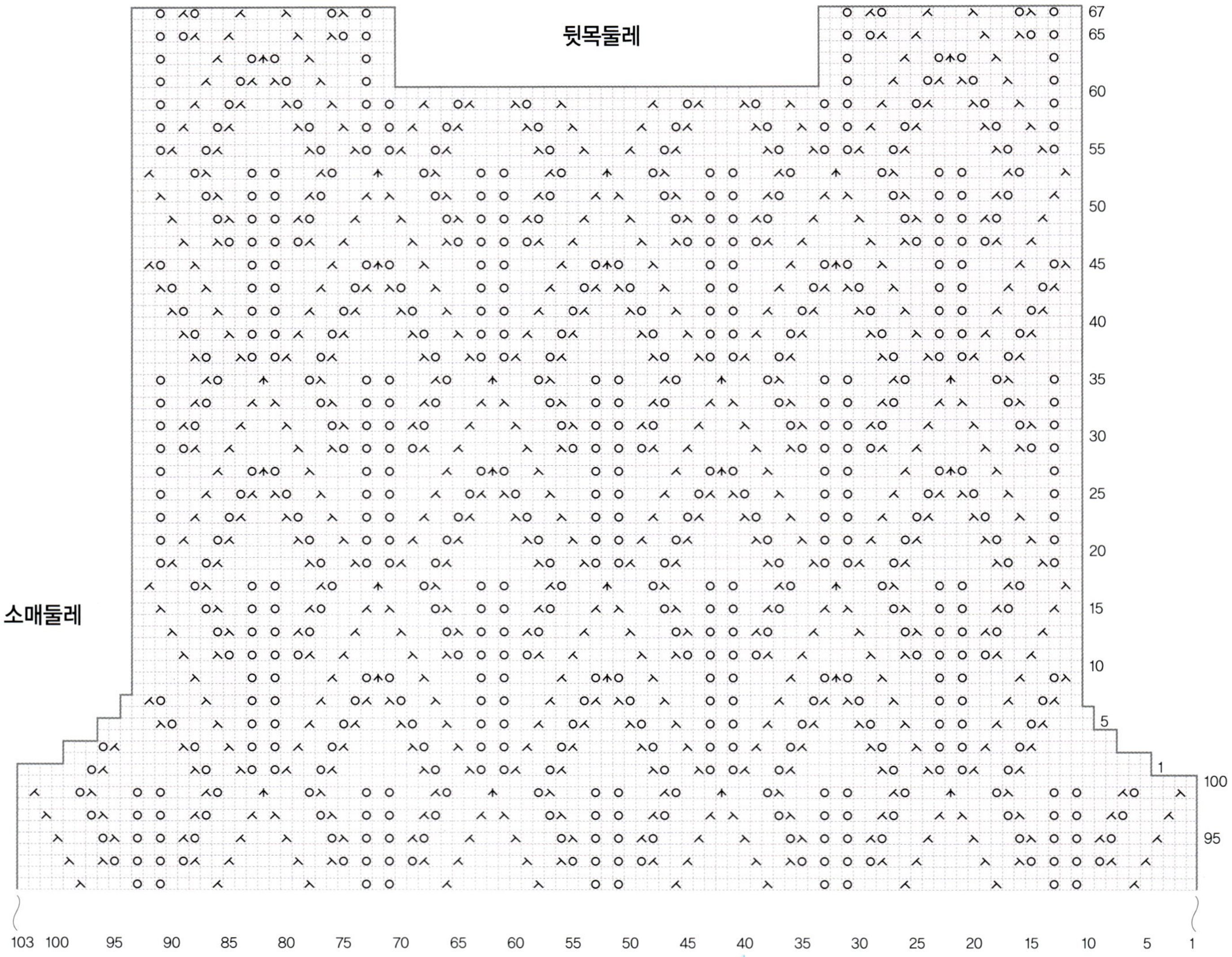

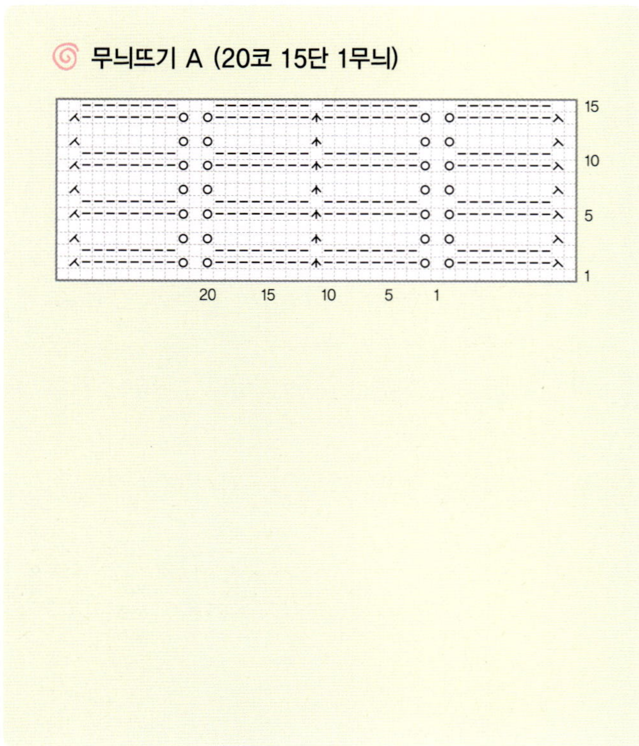

무늬뜨기 A (20코 15단 1무늬)

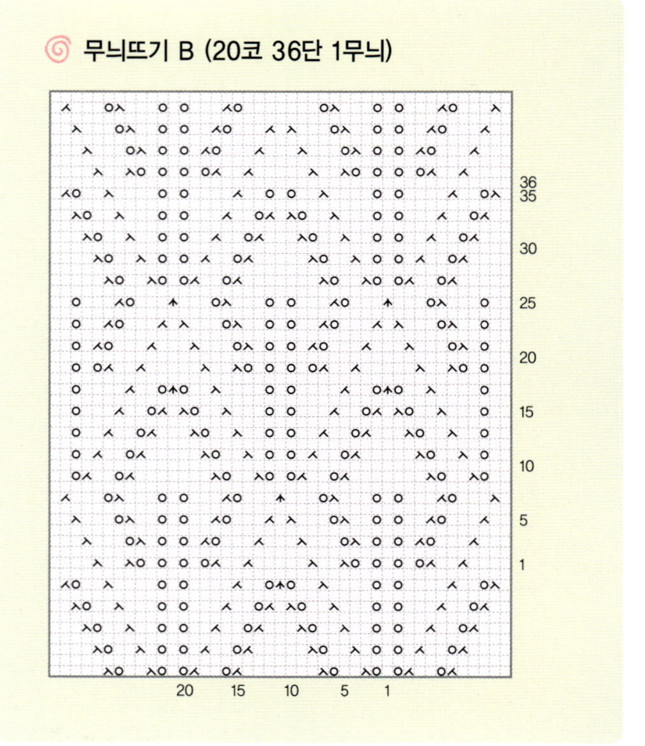

무늬뜨기 B (20코 36단 1무늬)

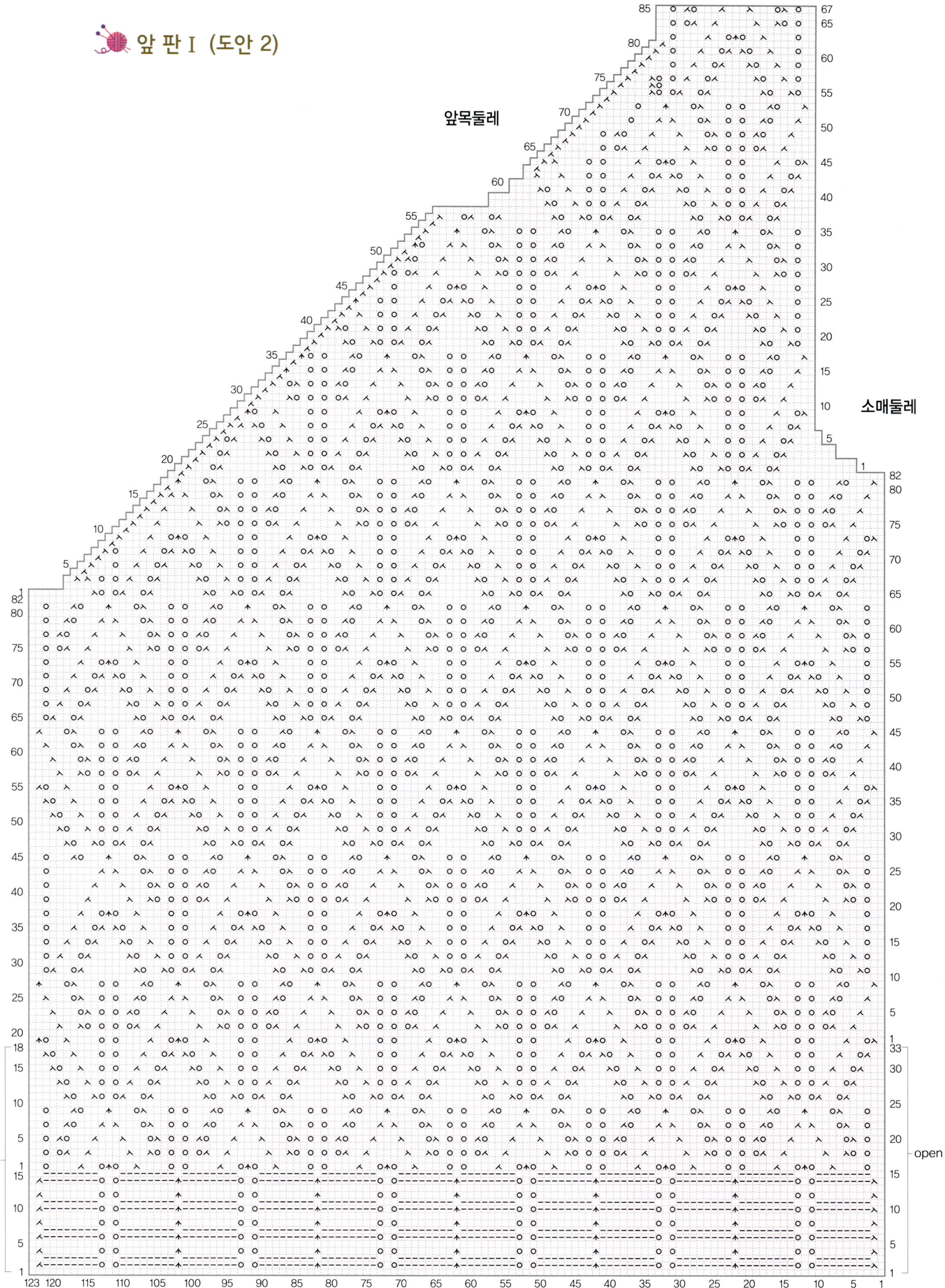
앞 판 I (도안 2)
앞목둘레
소매둘레
앞목둘레
en
open

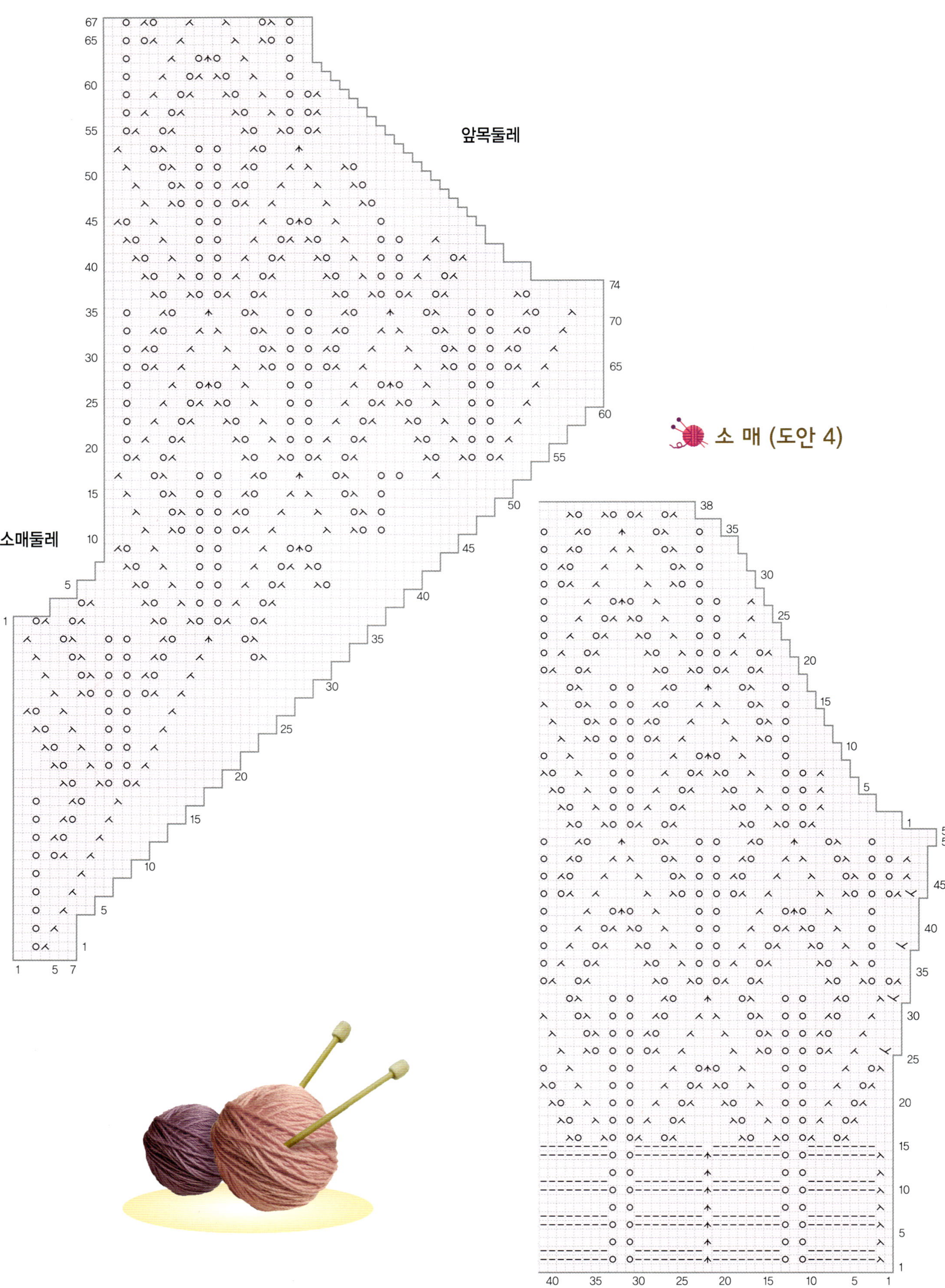
앞 판 Ⅱ (도안 3)
앞목둘레
소 매 (도안 4)
소매둘레

치 마 (도안 5)

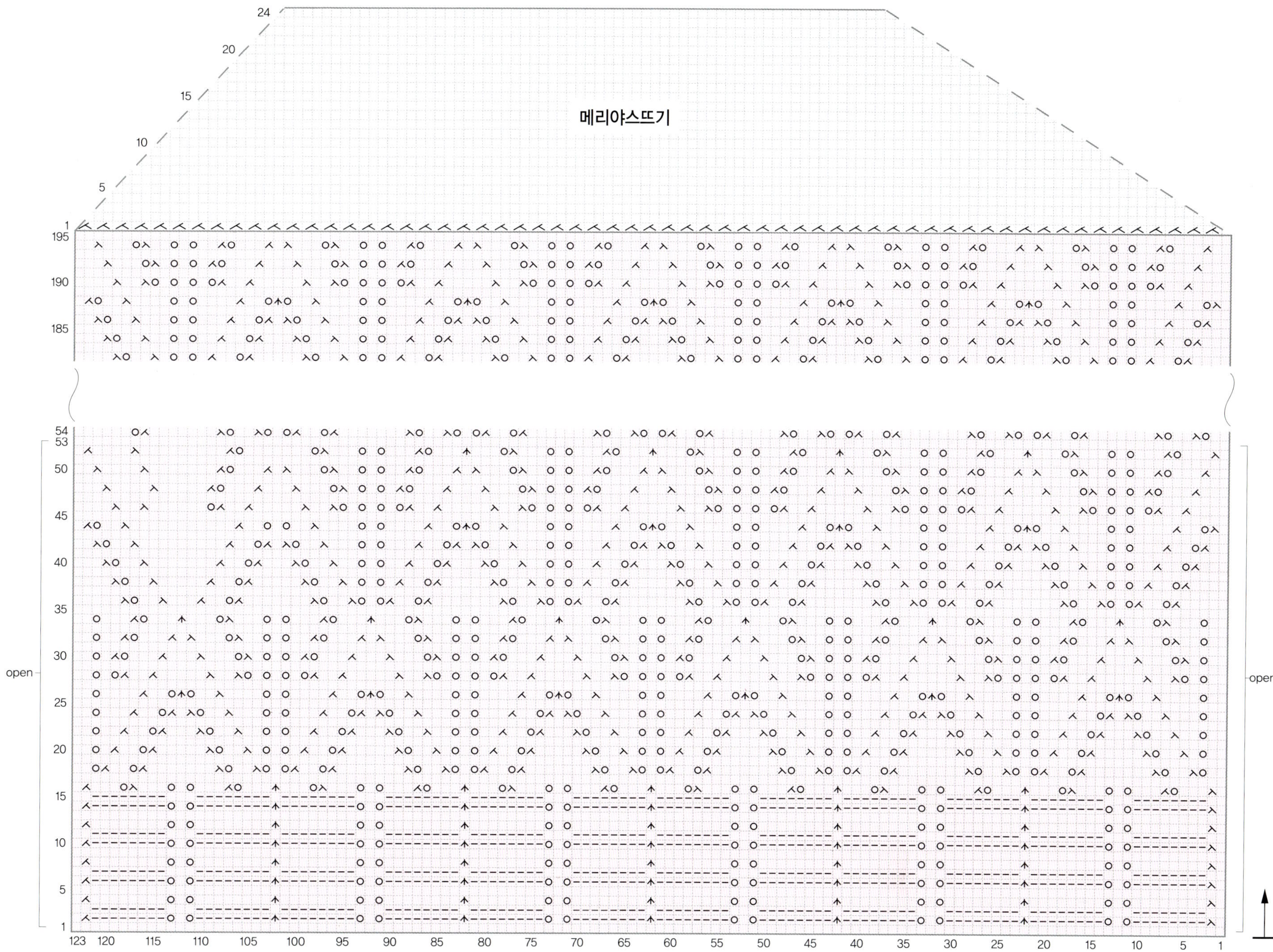

3 knitting

꽃분홍 쓰리피스

1. 라운드넥은 무늬뜨기 C로 떠서 장식 마무리한다.
2. 볼레로 앞중심단은 연결점이 안 보이도록 무늬뜨기 C로 뜬다.
3. 스커트 몸판 완성한 후 무늬뜨기 E로 사선 레이스단을 덧 뜬다.
4. 치마 더블 밑단은 무늬뜨기 F로 떠서 장식한다.

꽃분홍 쓰리피스

완성 치수

66 size

재료와 도구

실   와이키키(꽃분홍)
바늘   코바늘 2호
부속품 고무밸트, 치마 안감

【민소매 티】

1. 뒤판은 사슬 137코를 만들어 무늬뜨기 A 17무늬+1코로 시작해서 도안 1을 참고하여 옆 솔기 줄이기와 소매둘레, 뒷목 코 줄이기를 한다.

2. 앞판은 사슬 137코를 만들어 무늬뜨기 A 17무늬+1코로 시작해서 도안 1을 참고하여 옆 솔기 줄이기와 소매둘레 만들기를 하고 도안 2를 참고해 앞목둘레를 만든다.

3. 옆 솔기와 어깨를 붙여준 다음, 목둘레는 168코를 짧은뜨기 1단 뜬 뒤 무늬뜨기 C로 14무늬 3단 뜨고 마무리한다.

4. 소매둘레는 132코를 짧은뜨기 1단 뜬 뒤 무늬뜨기 D로 22무늬 2단 뜨고 마무리한다.

5. 밑단은 204코를 짧은뜨기 1단 뜬 뒤 무늬뜨기 C로 17무늬 3단을 뜨고 마무리한다.

【볼레로】

1. 사슬 221코 만들어 무늬뜨기 B 13무늬+13코로 시작해서 도안 3을 참고하여 양옆 가장자리 코 늘리기를 하고, 21단째는 앞·뒤 무늬 나누기한다. 도안 4를 참고해서 소매둘레를 만든 뒤 어깨를 붙여 몸판을 완성한다.

2. 소매는 사슬 45코를 만들어 소매산에서 시작해 소매부리로 떠 내려온다. 도안 3을 참고하여 소매산 코늘리기를 한다.

3. 소매 끝단은 피코뜨기 1단으로 장식 마무리하고, 앞 중심단은 348코를 짧은뜨기 1단 뜬 다음 무늬뜨기 C로 29무늬 3단 뜨고 마무리한다.

【치마】

1. 사슬 240코를 만들어 무늬뜨기 B로 15무늬를 만드는데 5무늬마다 무늬늘리기 3곳을 하는데 도안 5 늘림뜨기를 참고한다.

2. 치마 시작점부터 사선으로 무늬뜨기 E로 16무늬를 만들고 밑단과 연결해준다. 밑단은 무늬뜨기 E로 33무늬를 만든다.

3. 속치마 밑단은 사슬 408코를 만들어 무늬뜨기 F로 17무늬 20단을 떠준 뒤 치마 안감에 박아준다.

4. 치마 허리단은 ❶에서 시작한 사슬 부분에 긴뜨기 7단을 떠서 고무 밸트를 넣고 반으로 접어 감침질한 다음 치마 안감에 박아 완성한다.

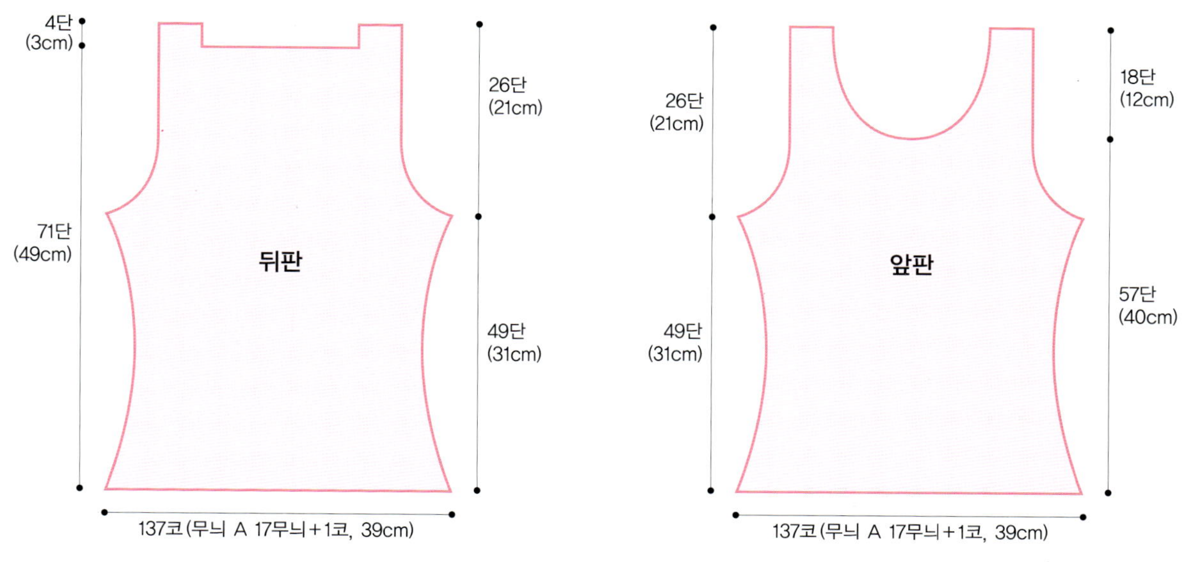

4단
(3cm)
26단
(21cm)
71단
(49cm)
뒤판
49단
(31cm)
137코 (무늬 A 17무늬＋1코, 39cm)
26단
(21cm)
18단
(12cm)
앞판
49단
(31cm)
57단
(40cm)
137코 (무늬 A 17무늬＋1코, 39cm)

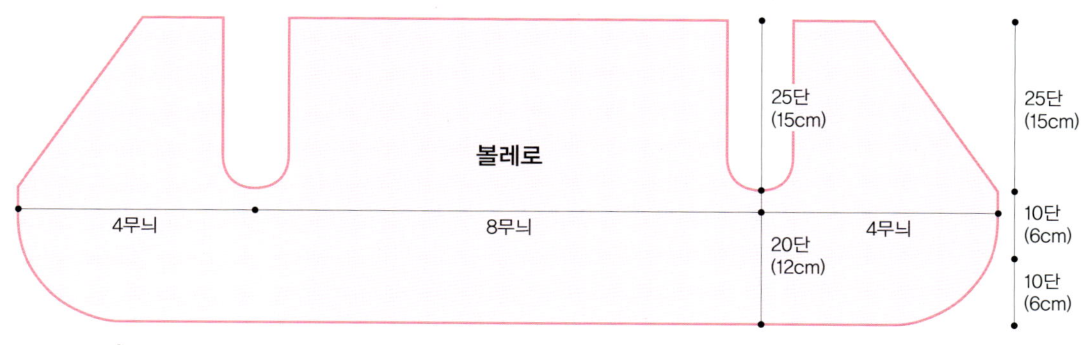

볼레로
25단
(15cm)
25단
(15cm)
4무늬
8무늬
4무늬
10단
(6cm)
20단
(12cm)
10단
(6cm)
221코 (무늬 B 13무늬＋13코, 69cm)

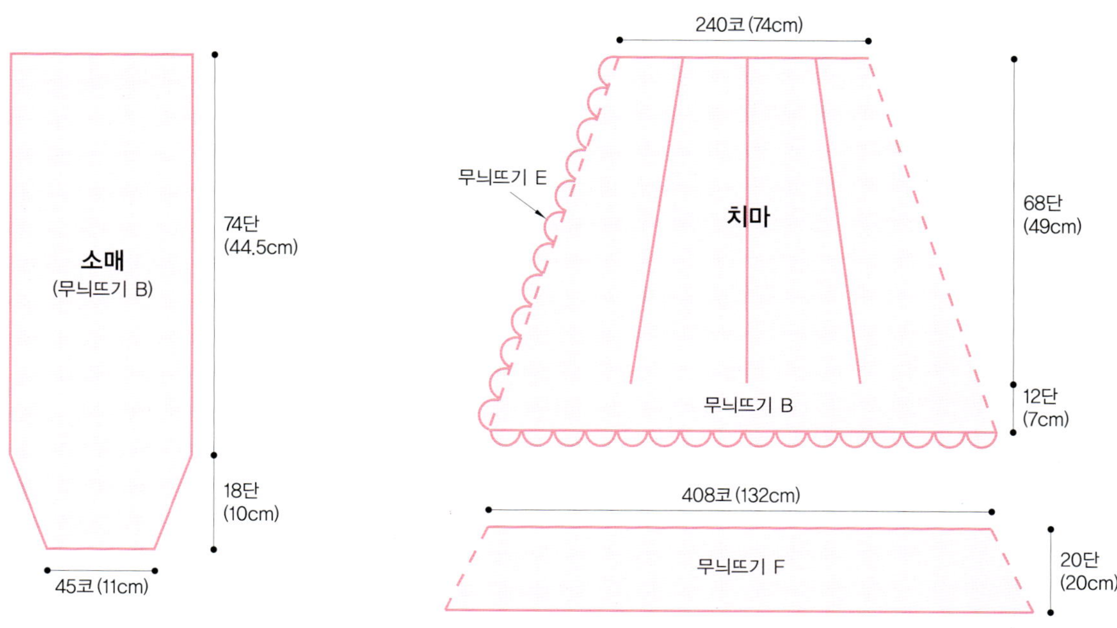

소매
(무늬뜨기 B)
74단
(44.5cm)
18단
(10cm)
45코 (11cm)
240코 (74cm)
무늬뜨기 E
치마
68단
(49cm)
무늬뜨기 B
12단
(7cm)
408코 (132cm)
무늬뜨기 F
20단
(20cm)

소매둘레
뒷목둘레
실달기
소매둘레
실달기

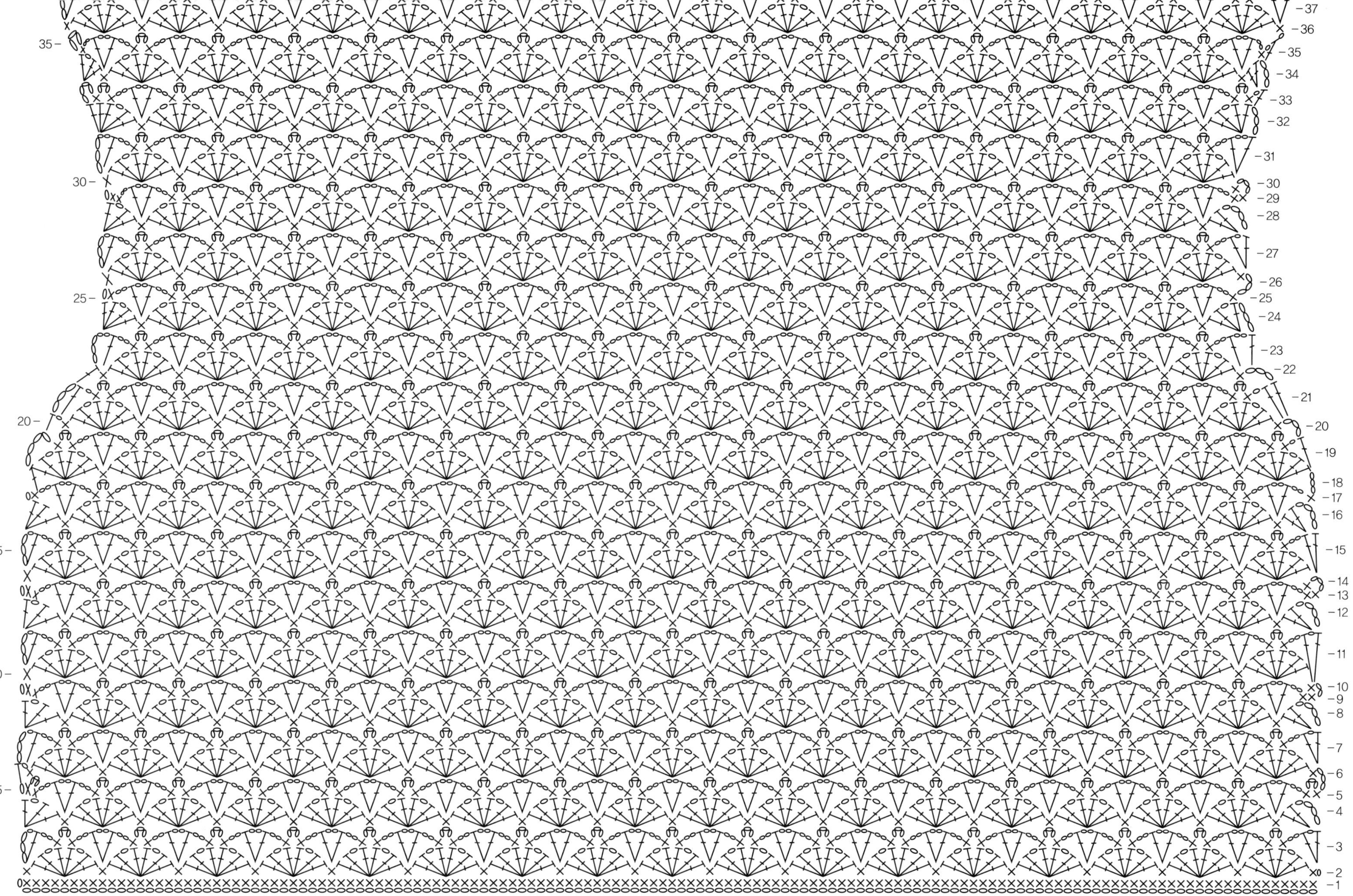

민소매 앞목둘레 (도안 2)

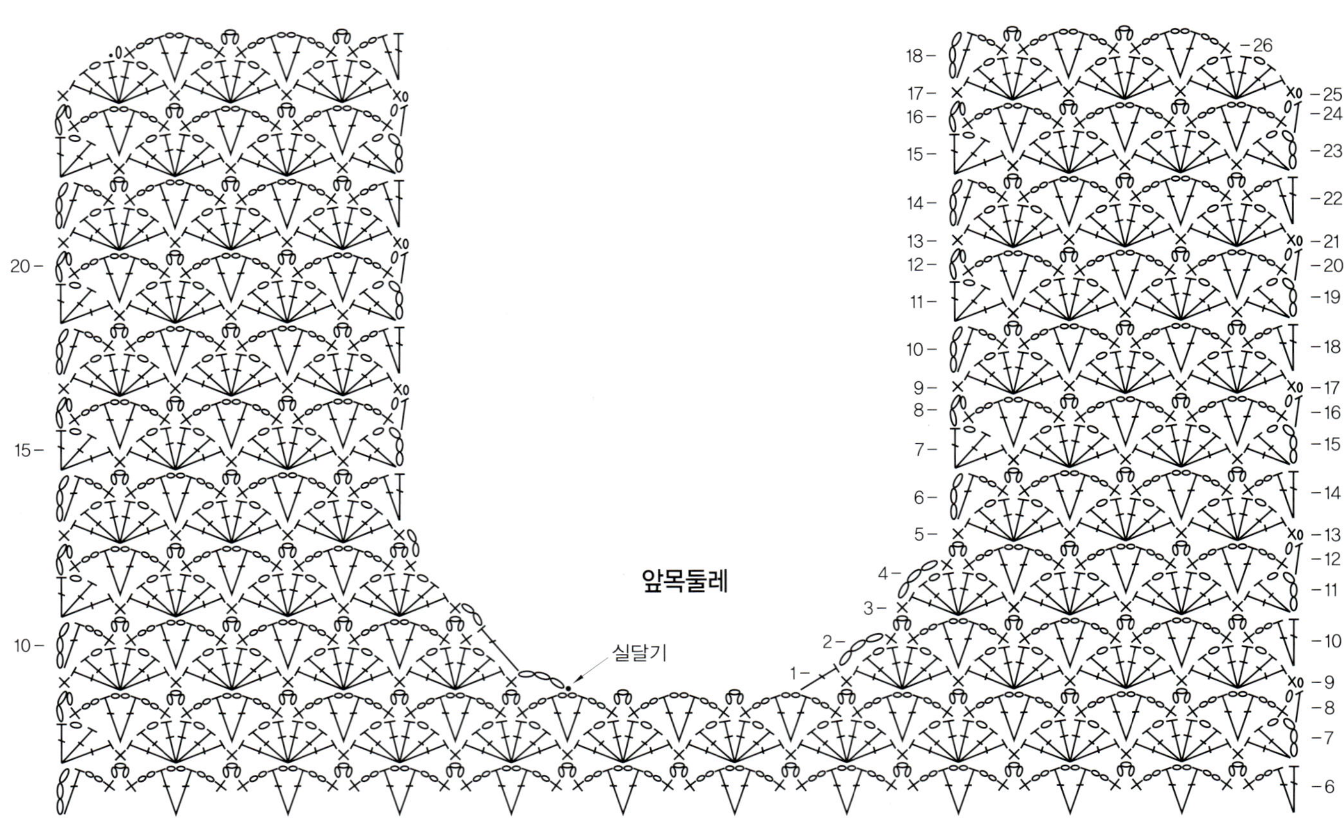
앞목둘레
실달기

볼레로 소매 (도안 3)
88

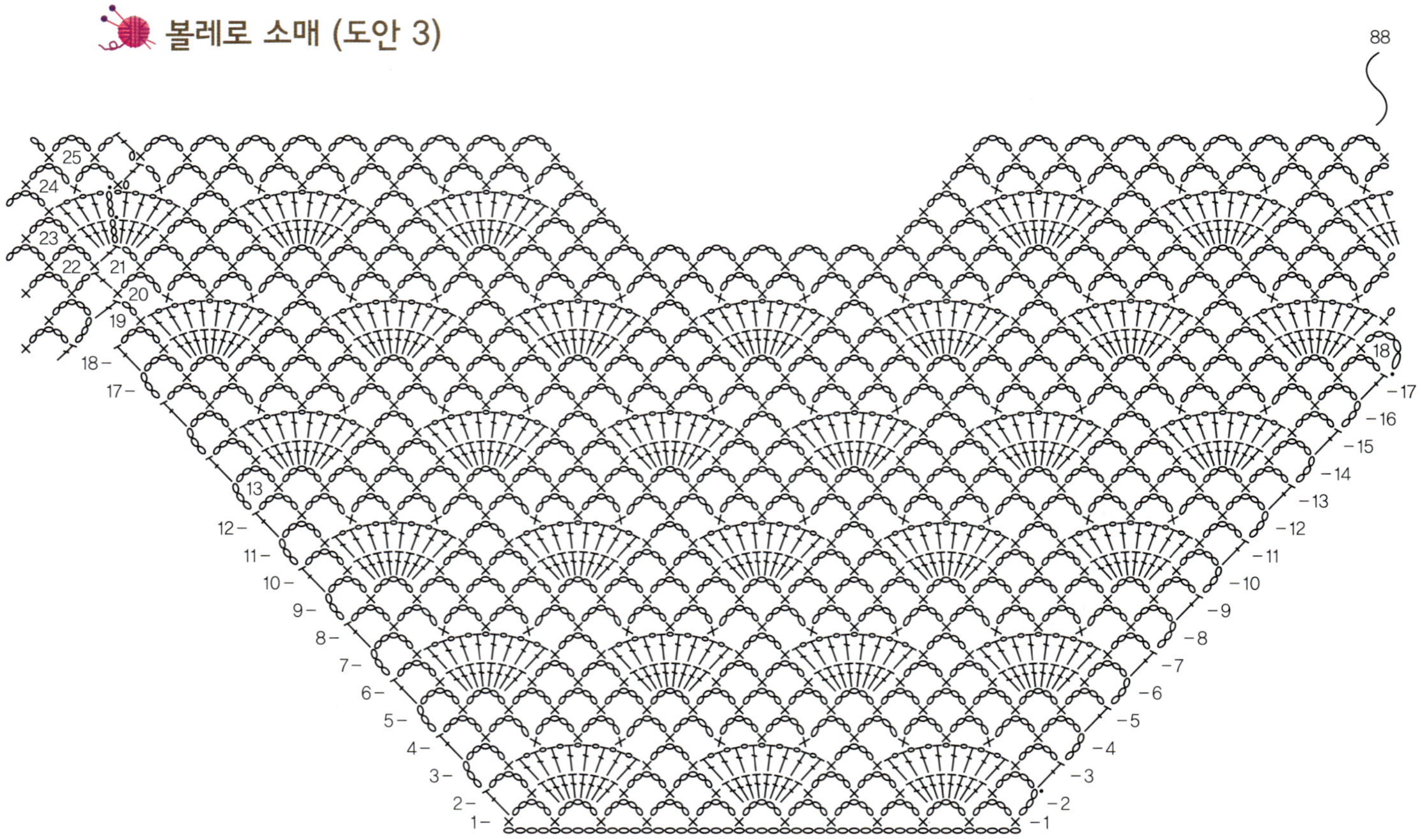

볼레로 (도안 4)
앞목둘레
소매둘레
실달기
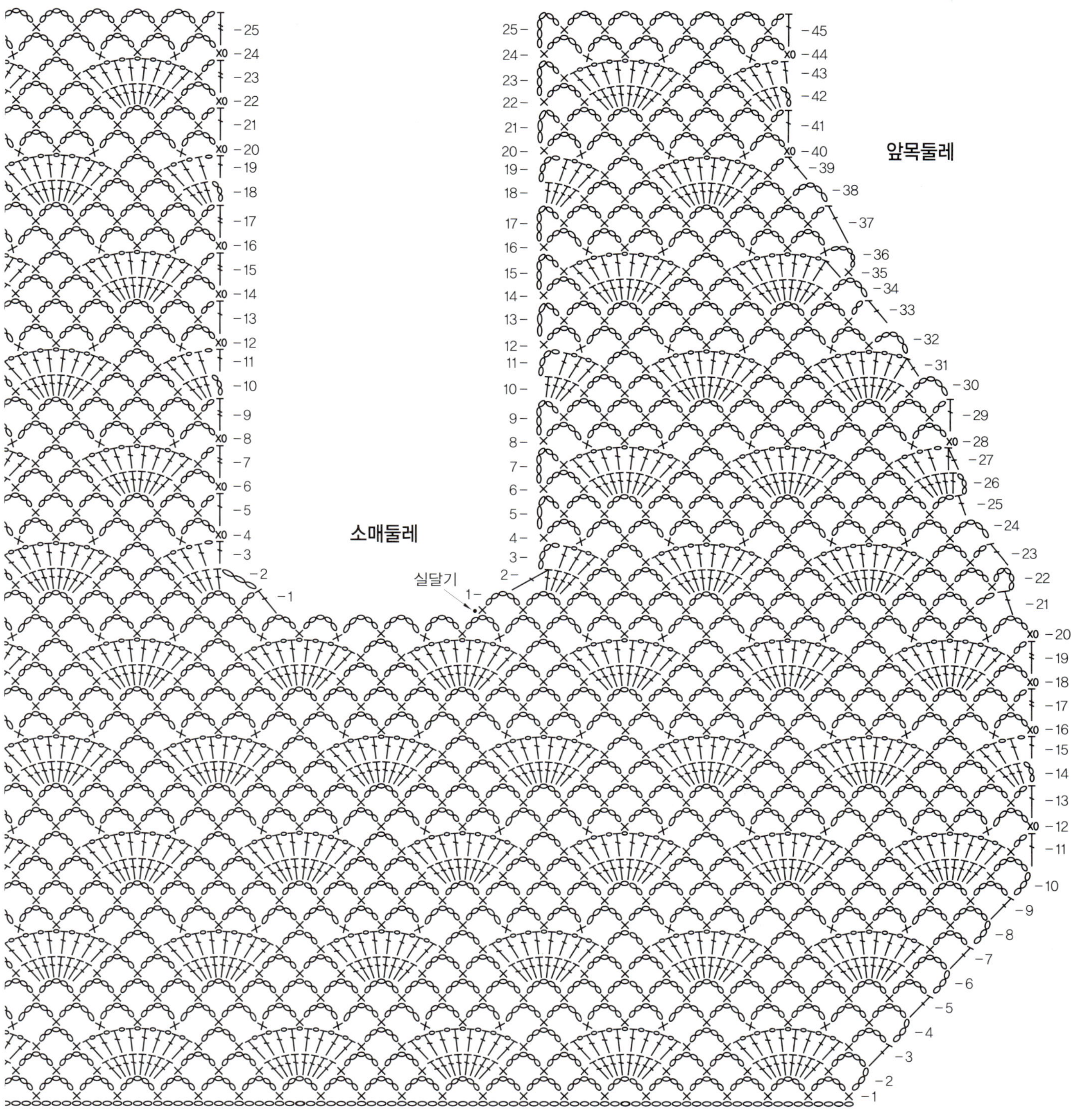

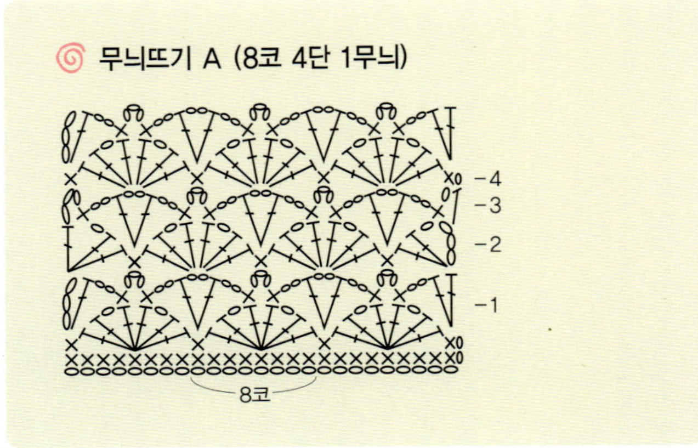
치 마 (도안 5)

무늬뜨기 A (8코 4단 1무늬)
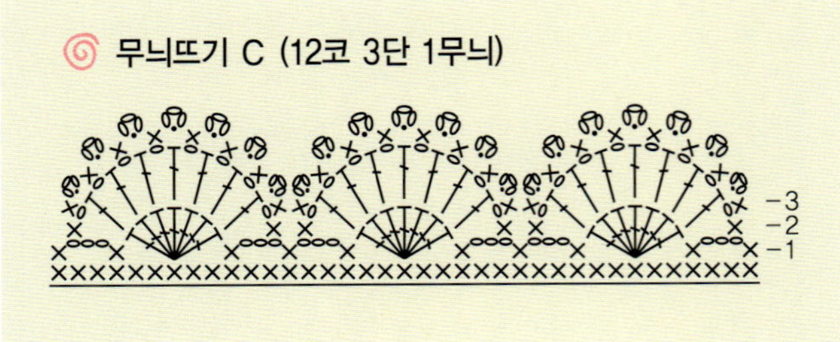

무늬뜨기 C (12코 3단 1무늬)
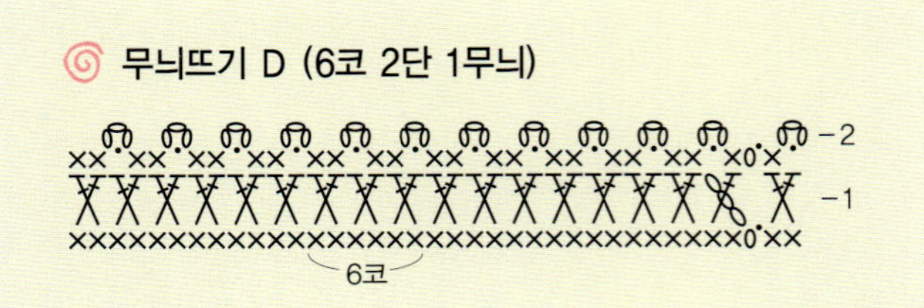

무늬뜨기 D (6코 2단 1무늬)

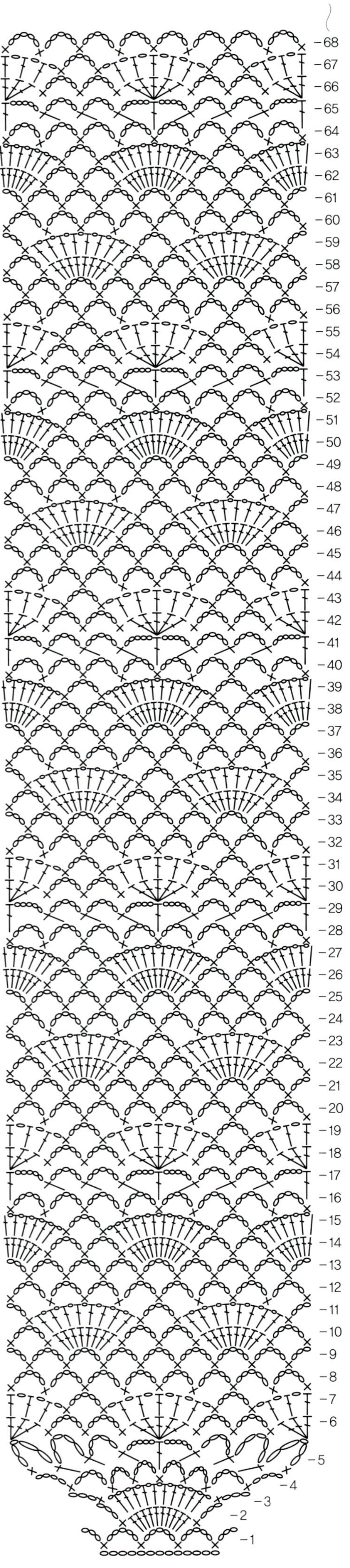

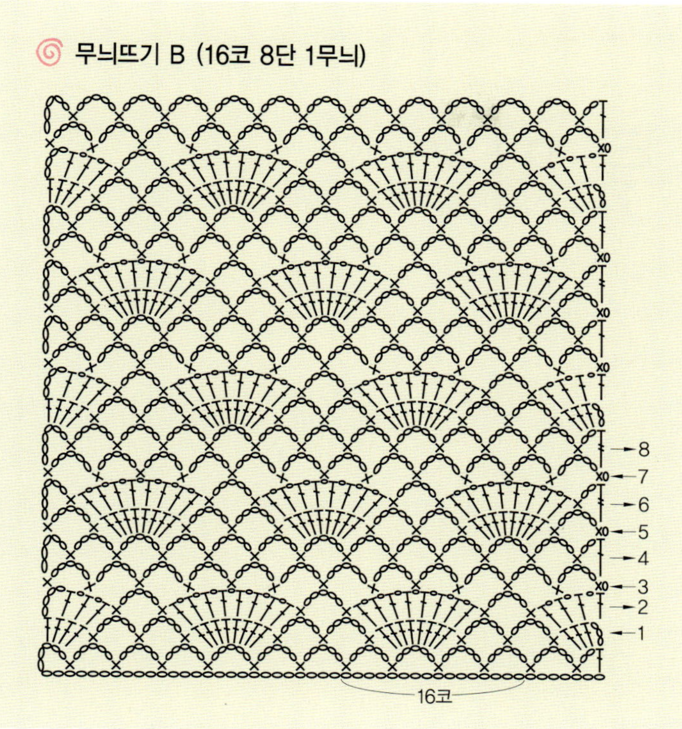

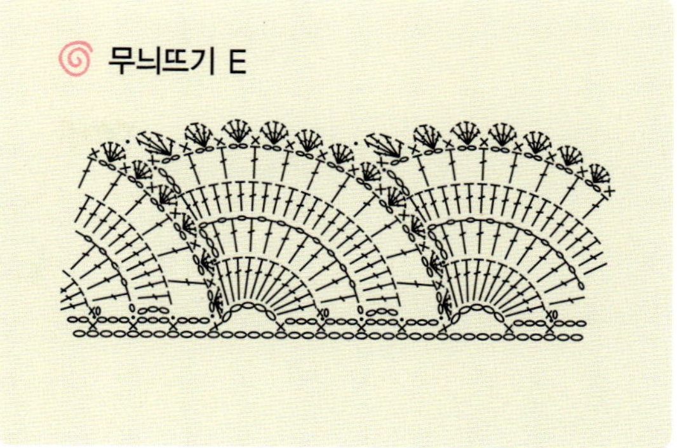

무늬뜨기 F (24코 20단 1무늬)

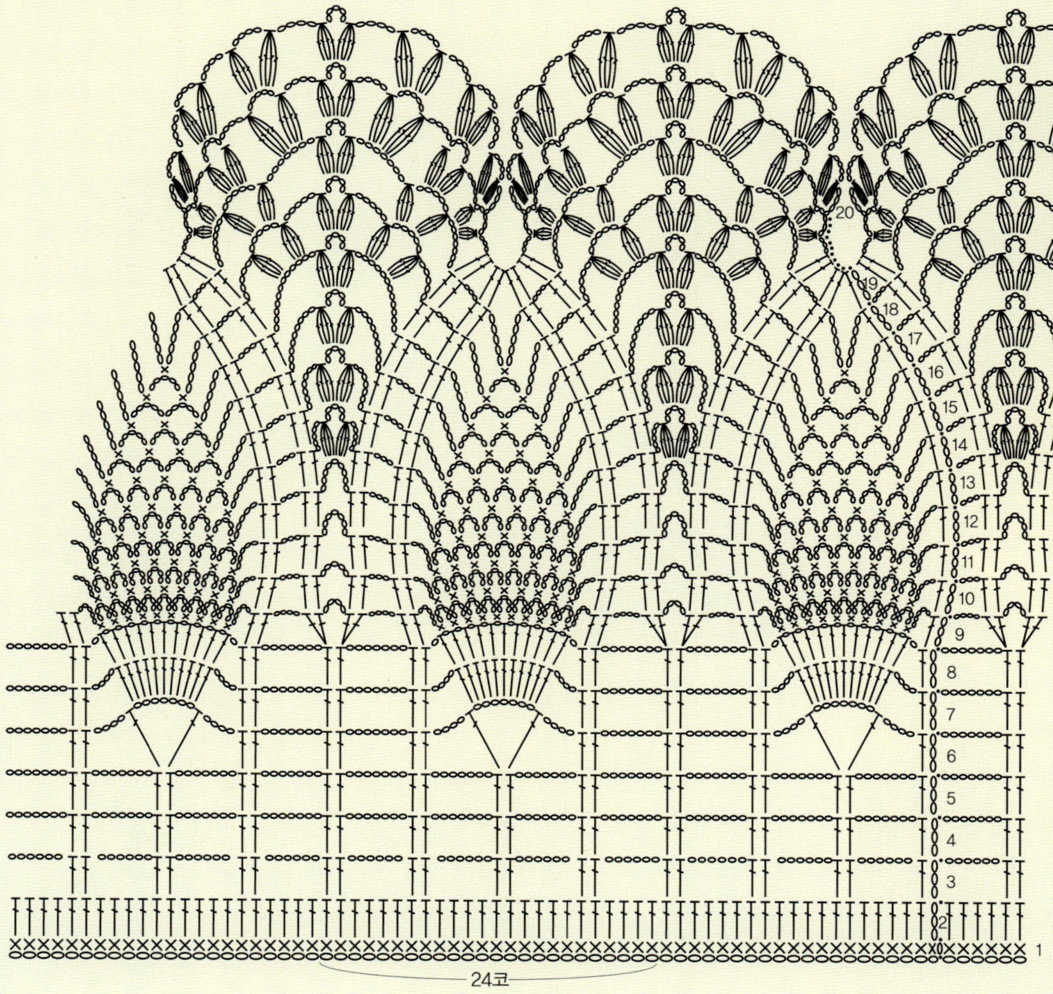

knitting

4 연분홍 투피스

1. 목단은 단뜨기 무늬로 뜨며 사슬뜨기로 단추구멍을 만들어 준다.
2. 소매는 무늬뜨기 A를 뜬 뒤 밑단은 무늬뜨기 B로 장식 마무리한다.
3. 윗옷 밑단은 무늬뜨기 B로 마무리한다.
4. 치마 밑단은 무늬뜨기 C로 장식 레이스를 만든다.

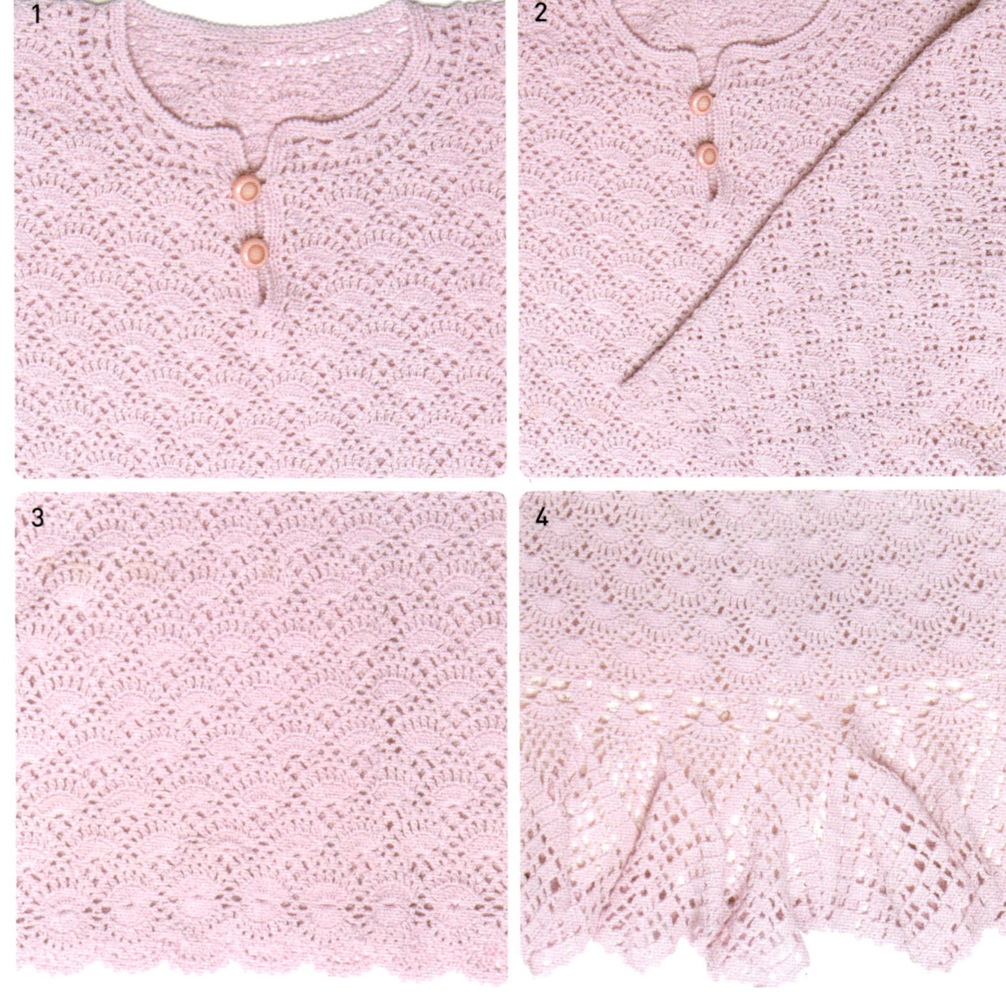

✚✚ 연분홍 투피스

완성 치수

66 size

재료와 도구

실　쿨울(연분홍)

바늘　코바늘 2호

부속품　고무밸트, 치마 안감

【윗옷】

1. 뒤판은 사슬 131코를 만들어 무늬뜨기 A 13무늬＋1코로 시작해서 도안 1을 참고하여 옆 솔기 56단 뜬 뒤 소매둘레를 만든다.

2. 뒷목둘레는 90단째 어깨코 부분을 경사뜨기하여 3단을 뜬다.(도안 1 참고)

3. 앞판은 사슬 141코를 만들어 무늬뜨기 A 14무늬＋1코로 시작해서 도안 1을 참고하여 옆 솔기와 소매둘레를 만든다.

4. 앞목둘레는 64단째 앞중심을 기준으로 이등분하여 도안 2를 참고하여 만든다.

5. 앞·뒤판이 완성되면 옆 솔기와 양 어깨를 붙여준다.

6. 몸판 밑단은 무늬뜨기 B 27무늬를 원통뜨기로 3단 떠서 마무리한다.

7. 목단은 단뜨기 무늬 26무늬를 3단 뜬 뒤 앞 중심 오픈된 곳과 연결해서 짧은뜨기 2단 뜨고 되돌아짧은뜨기로 장식 마무리한다.

8. 소매는 사슬 91코를 만들어 무늬뜨기 A 9무늬＋1코로 시작해서 도안 3을 참고하여 옆 솔기를 늘려주고 36단째는 도안 4를 참고하여 소매산을 만든다.

9. 8이 끝나고 나면 옆 솔기를 붙여준 뒤 무늬뜨기 B 9무늬를 원통뜨기로 3단 떠서 마무리한 후 몸판에 달아준다.

【치마】

1. 사슬 240코를 만들어 무늬뜨기 A 24무늬로 시작해서 92단을 뜨는데, 도안 5를 참고하여 무늬 늘리기를 옆 솔기 두 곳에서 6회 늘리는데 무늬 늘리기 5회, 6회 때는 앞·뒤 중심에서도 무늬 늘리기를 해준다.

2. 치마 밑단은 무늬뜨기 C로 29무늬를 떠준다.

3. 허리단은 치마 처음 시작했던 사슬부분에서 긴뜨기 240코를 8단 떠서 고무밸트를 넣고 반으로 접어 감침질한다.

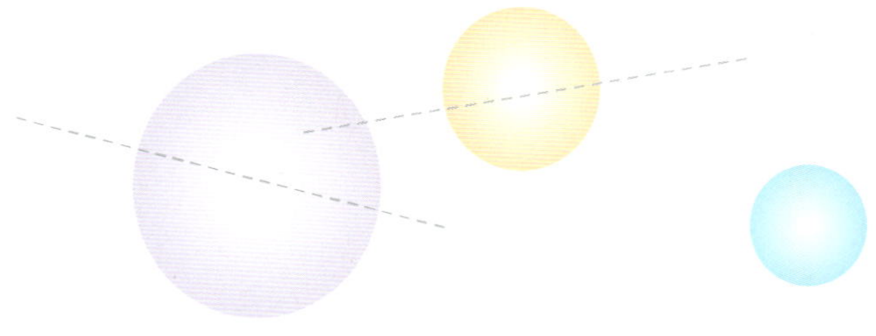

뒤판
무늬뜨기 A

3단
(2cm)

33단
(18.5cm)

56단
(29cm)

131코 (무늬 A 13무늬+1코, 39cm)

앞판
무늬뜨기 A

15단
(9cm)

14단
(7.5cm)

64단
(33cm)

141코 (무늬 A 14무늬+1코, 42cm)

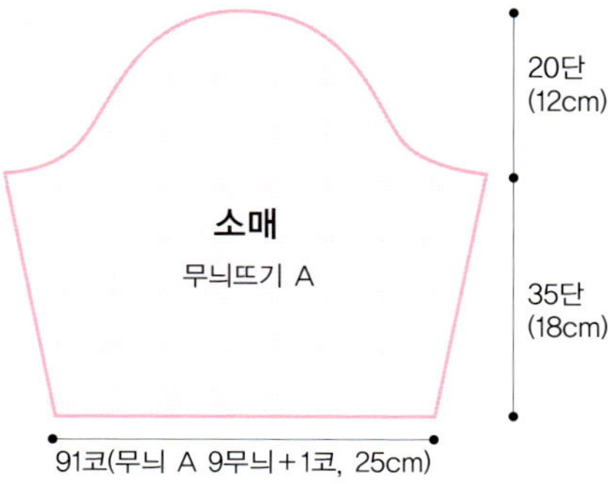

소매
무늬뜨기 A

20단
(12cm)

35단
(18cm)

91코(무늬 A 9무늬+1코, 25cm)

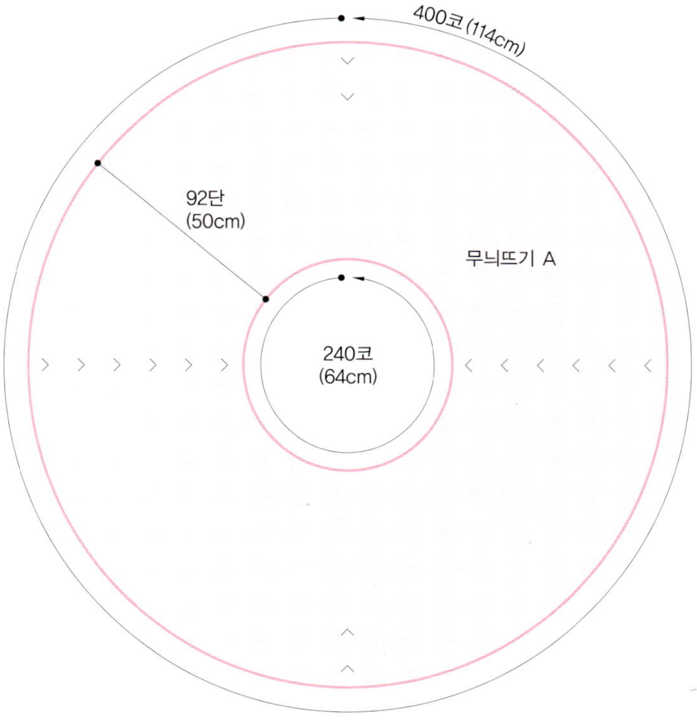

400코 (114cm)

92단
(50cm)

무늬뜨기 A

240코
(64cm)

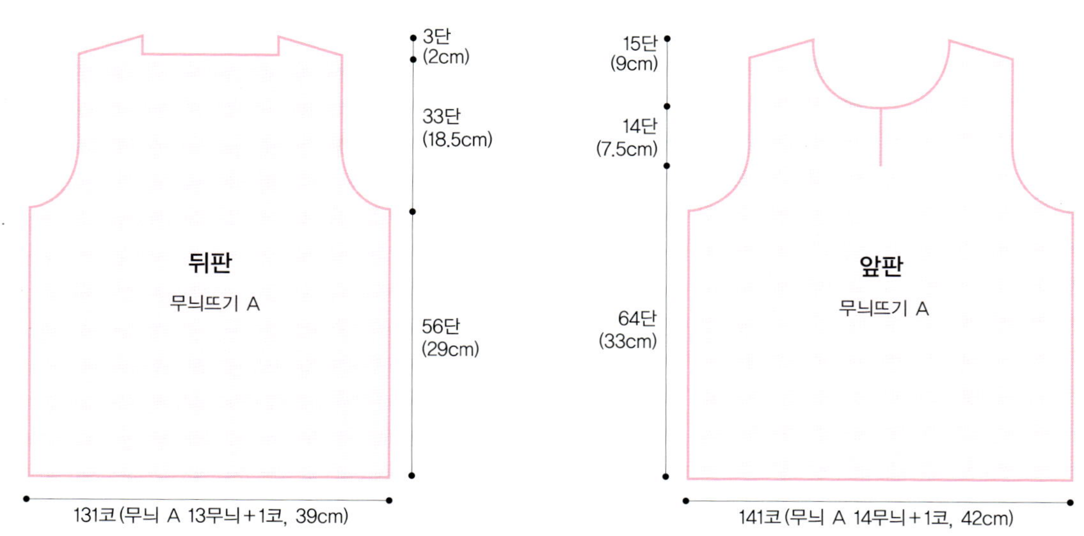

소매둘레

뒷목둘레

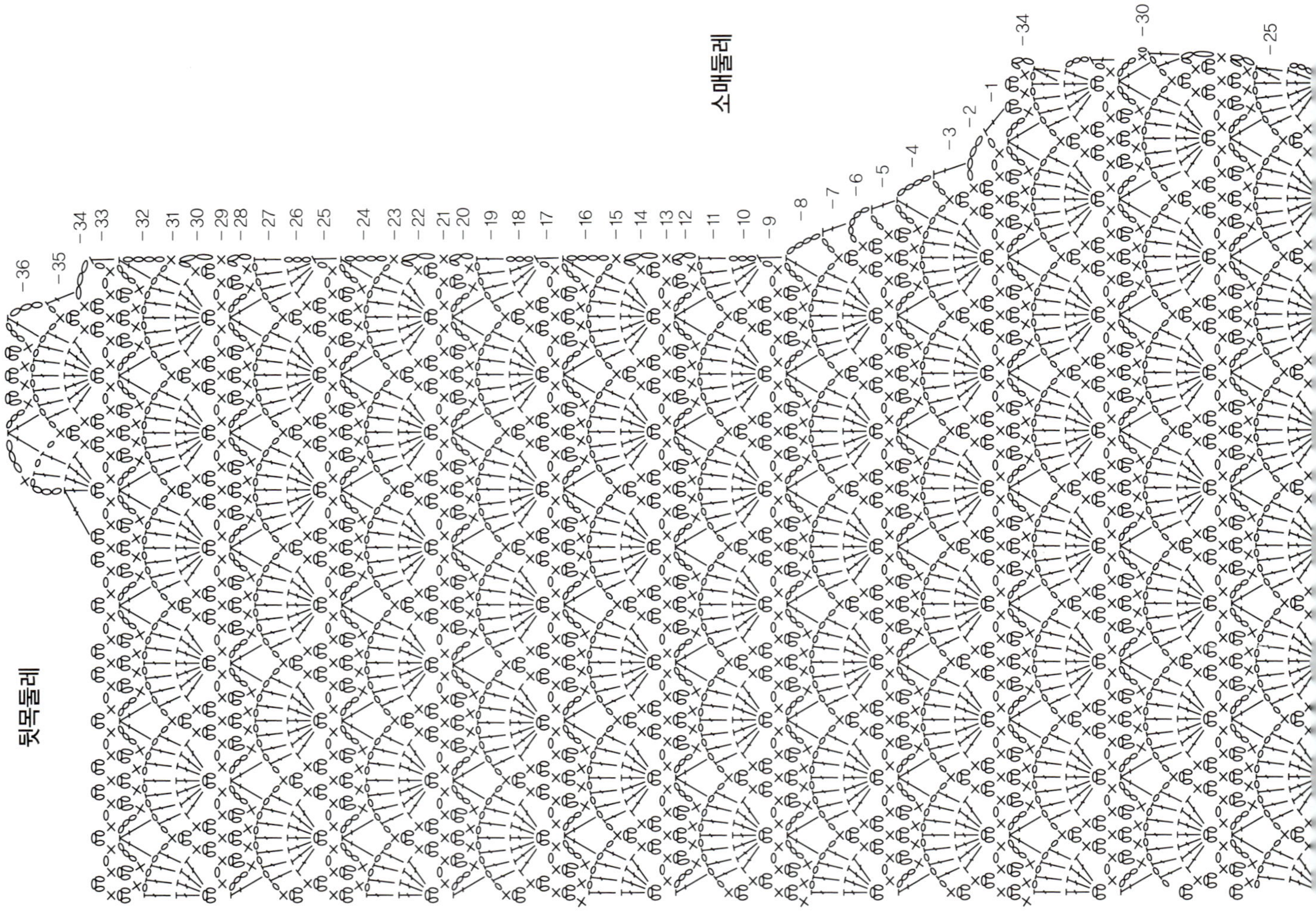

77쪽 무늬뜨기 A 뜨는법

1. 4코를 겉뜨기 1코 안뜨기 2코 겉뜨기 1코를 뜨고 보조 바늘에 4코를 따로 끼워둔다.

2. 실로 보조 바늘에 끼워진 4코를 감는다.

3. 2회 정도 감아준다.

4. 보조 바늘에 있던 코를 본 바늘에 끼워주고 순서대로 떠 간다.

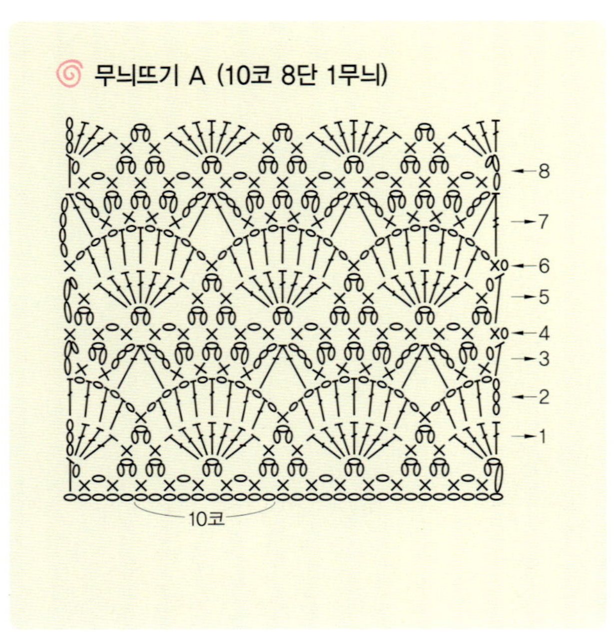

앞목둘레

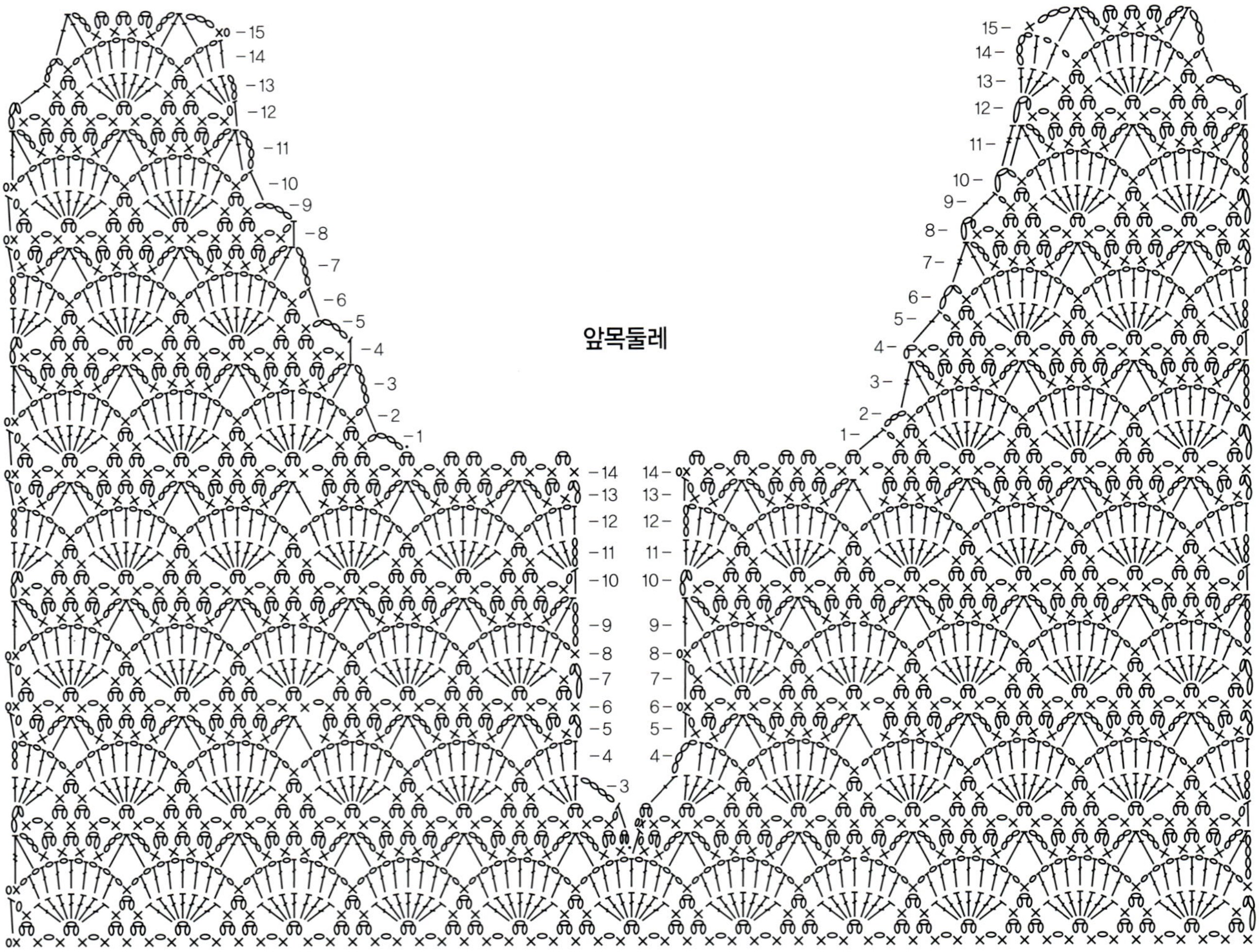

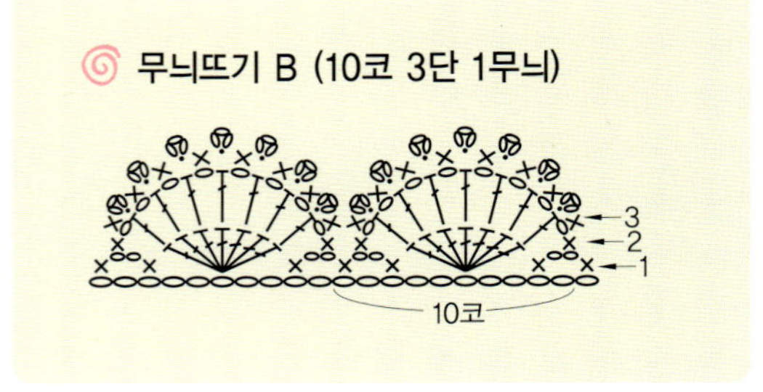

무늬뜨기 A (10코 8단 1무늬)

무늬뜨기 B (10코 3단 1무늬)

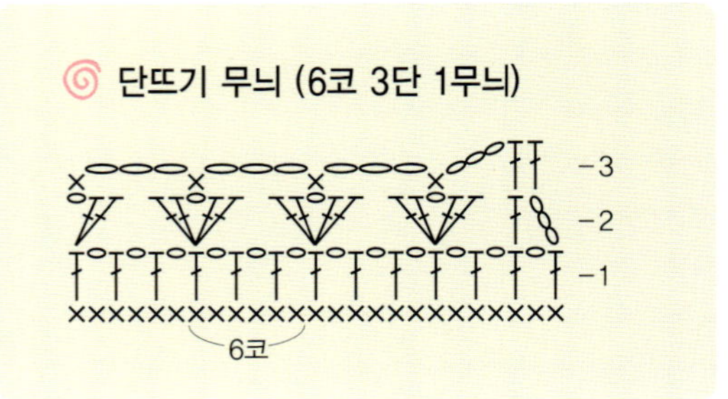

단뜨기 무늬 (6코 3단 1무늬)

소 매 I (도안 3)
소 매 II (도안 4)

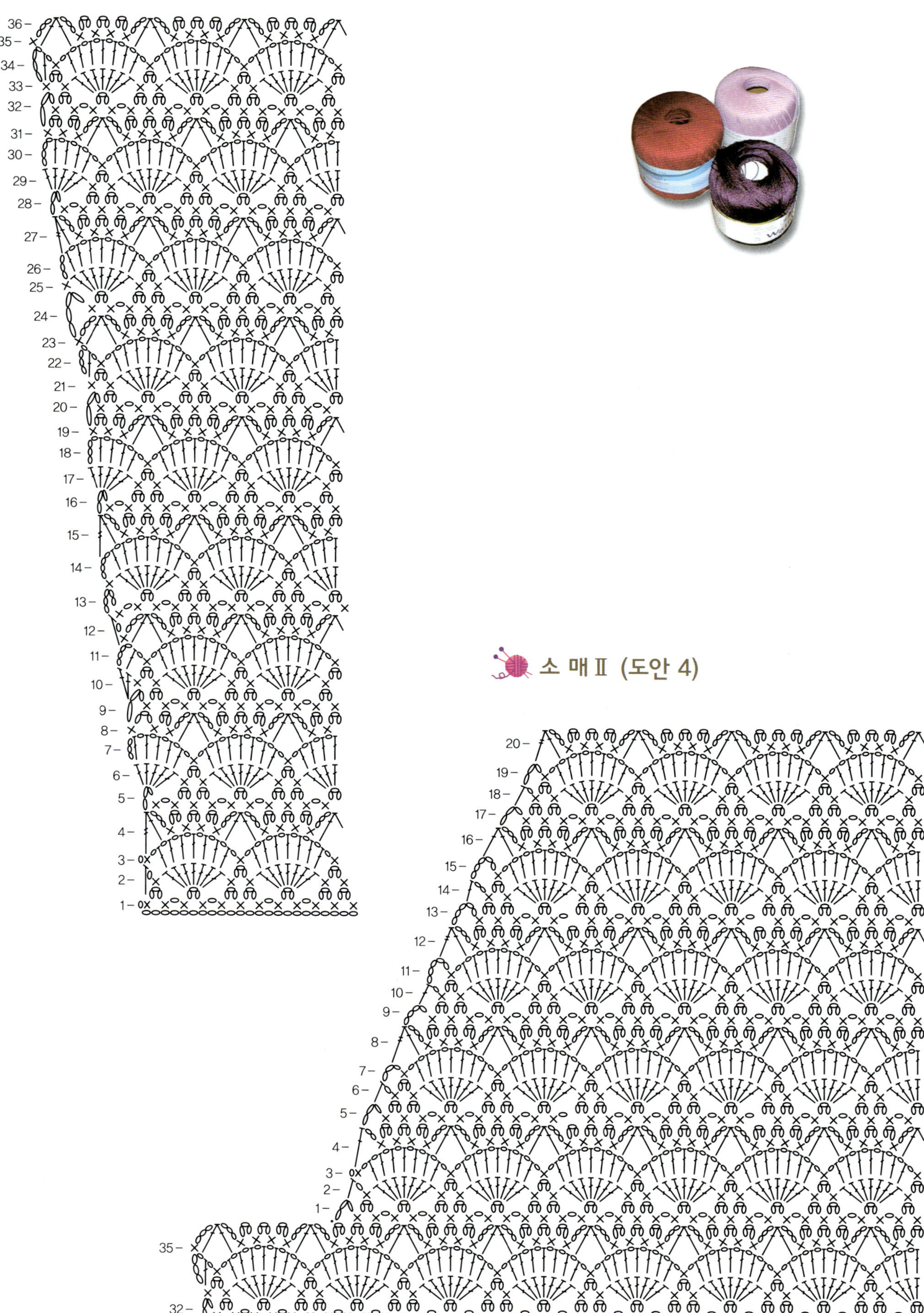

무늬뜨기 C

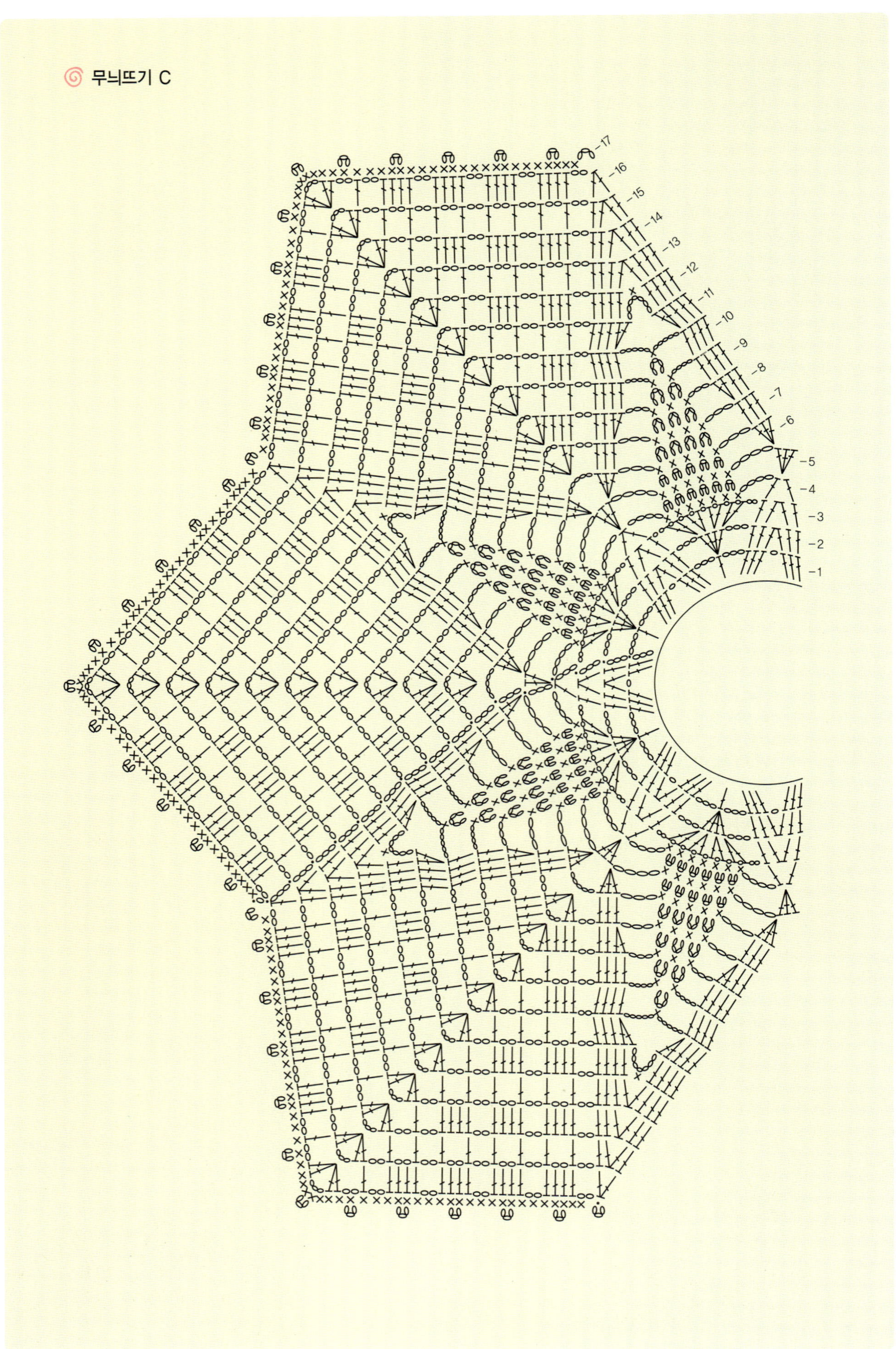
17
16
15
14
13
12
11
10
9
8
7
6
5
4
3
2
1

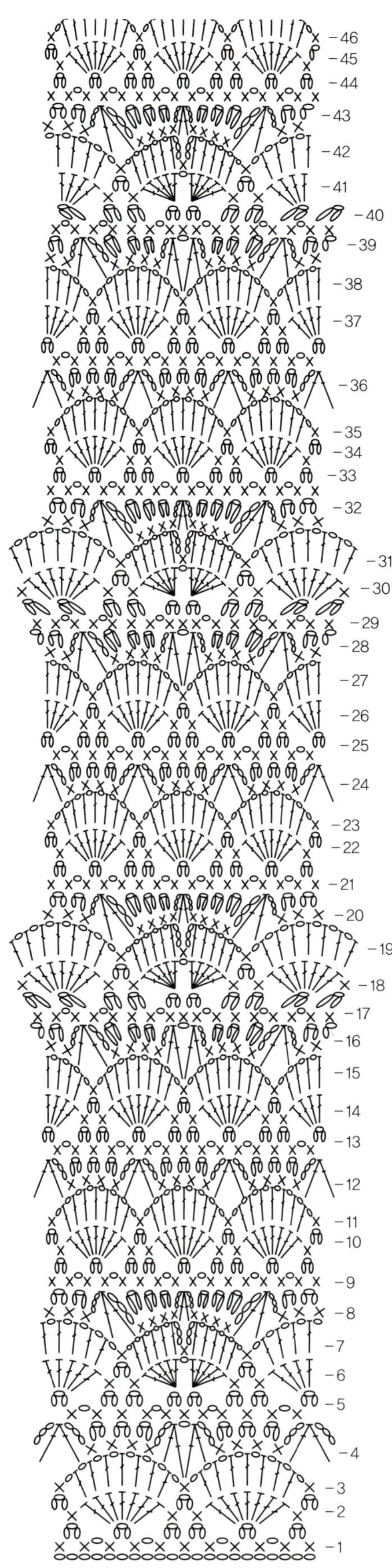
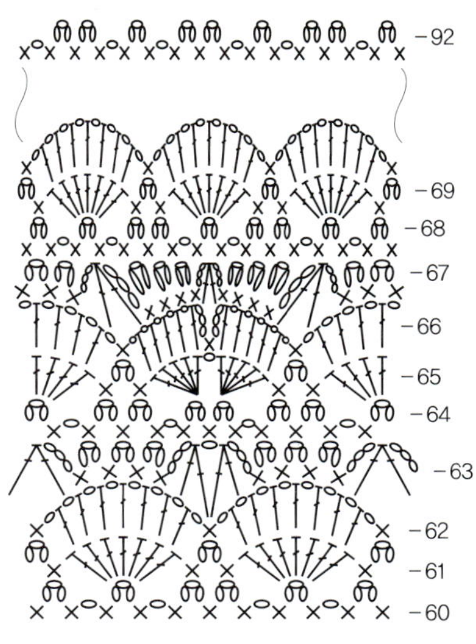
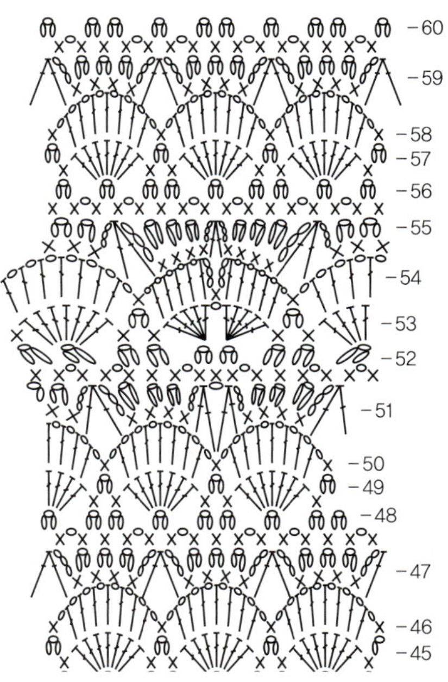

5

knitting

링구사 코트

1. 숄칼라 앞중심 단뜨기는 몸판과 같이 붙단으로 1코고무뜨기로 한다.
2. 뒷목 숄칼라 붙임 (칼라 붙임은 돗바늘로 이어준다.)
3. 소매의 밑단은 2코고무뜨기로 하고 본판은 메리야스뜨기로 한다.
4. 몸판 옆트임단은 몸판과 같이 붙단으로 1코고무뜨기로 한다.

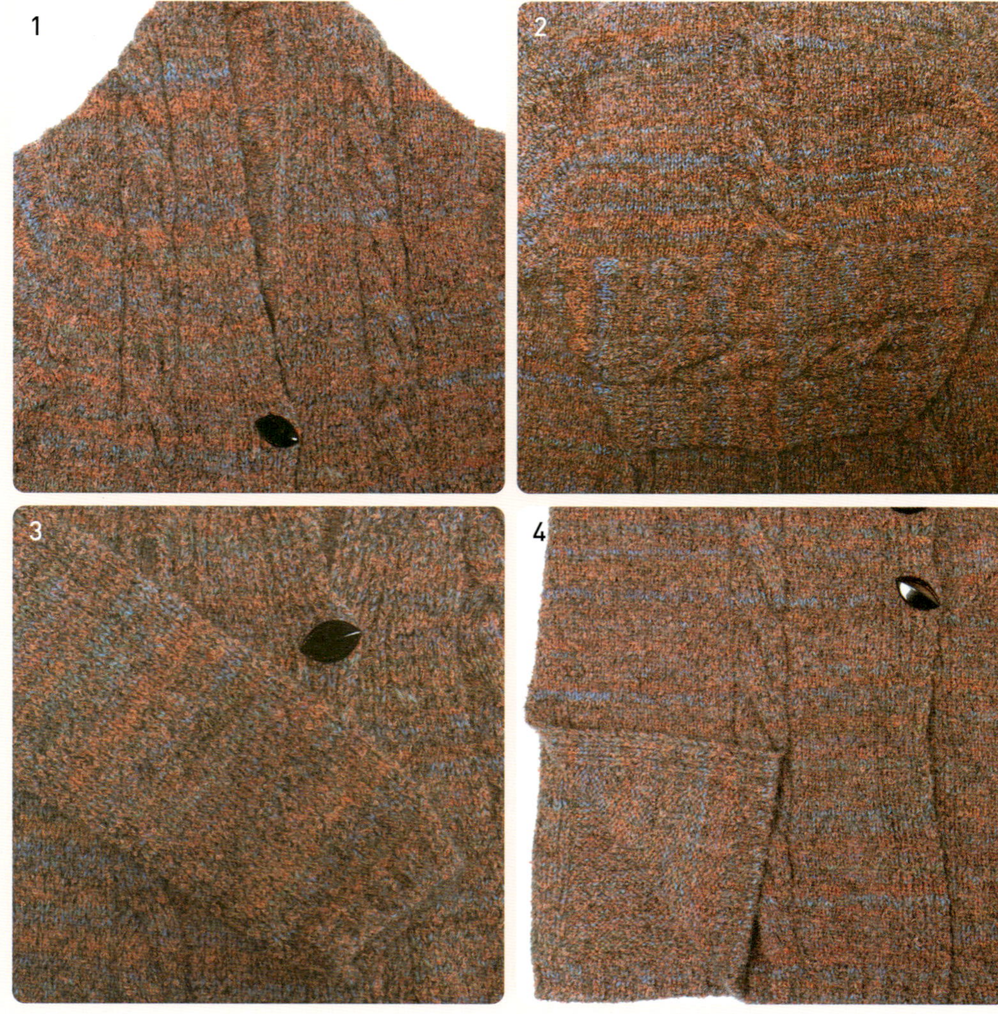

링구사 코트

뜨는 방법

1. 뒤판은 흔들코 116코를 만들어 2코 고무뜨기로 6단을 뜨고 도안 1과 1-1을 참고하여 무늬뜨기를 한다.

2. 앞판은 흔들코 75코를 만들어 2코 고무뜨기로 6단을 뜨고 도안 2와 2-1을 참고하여 오른쪽 앞판을 뜬다.

3. 왼쪽 앞판은 도안 2와 2-1을 참고하여 대칭적으로 무늬를 배치하고 뜨는데 단추구멍은 만들지 않는다.

4. 뒤판, 앞판이 완성되면 앞·뒤 소매둘레의 각각 44단을 맞춘 뒤 아래 배치도처럼 맞추어 돗바늘로 붙여준다.

5. 도안 3을 참고하여 소매 2장을 뜬 다음 몸판에 돗바늘로 붙여준다.

* 배치도

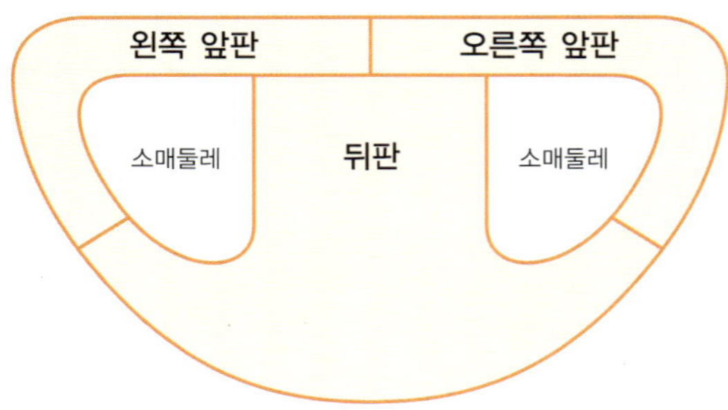

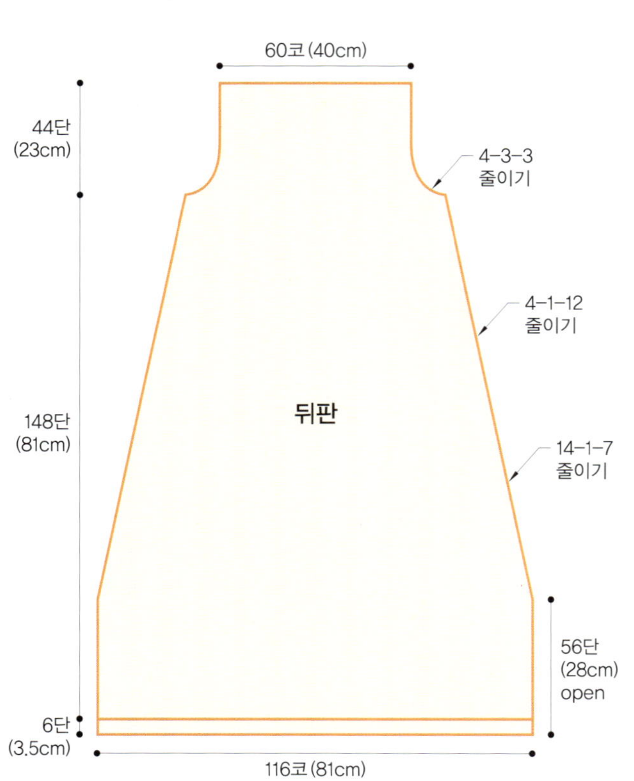

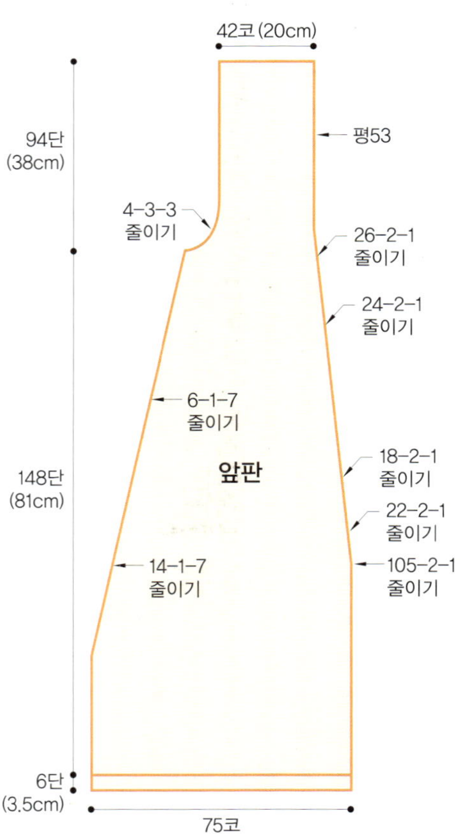

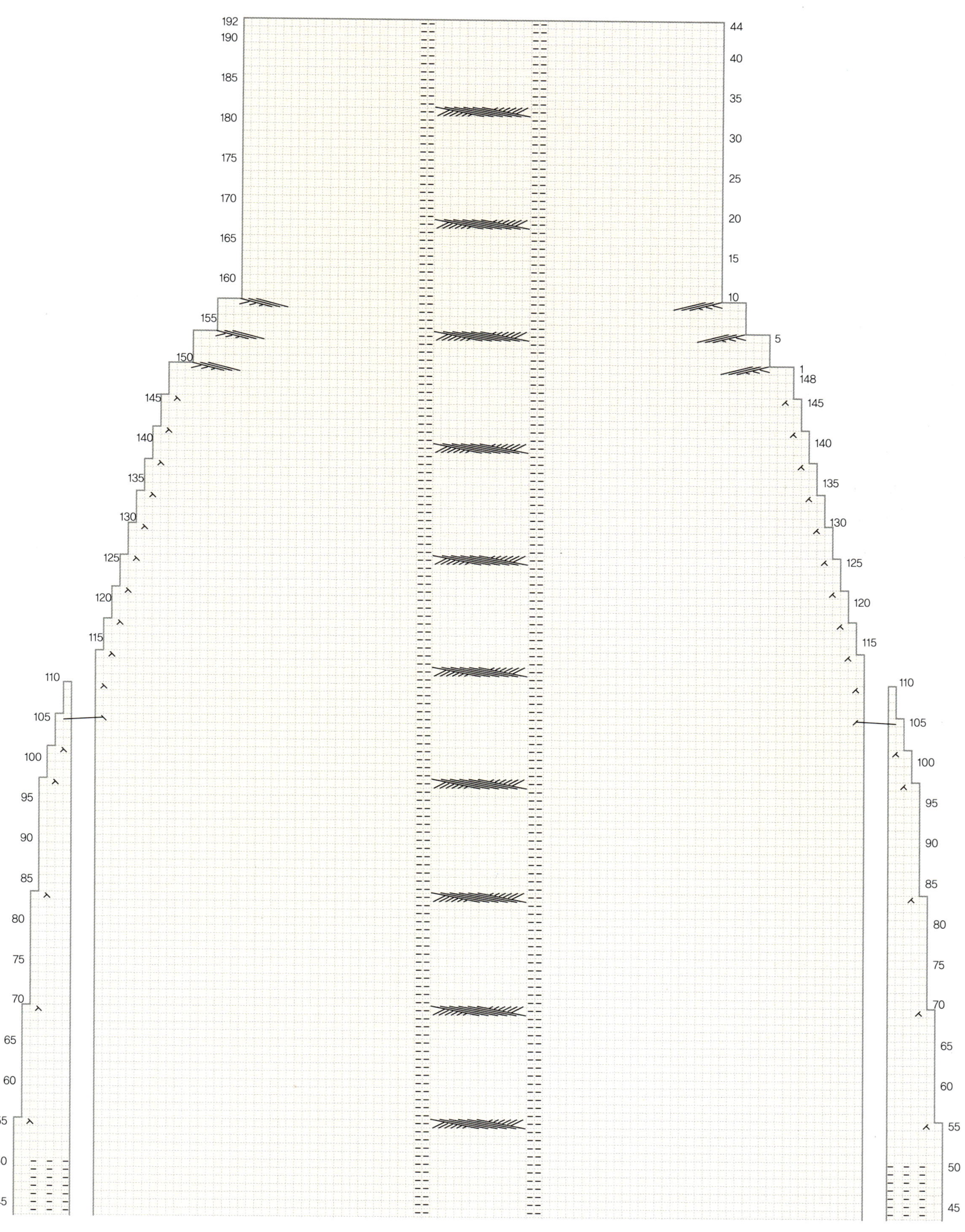

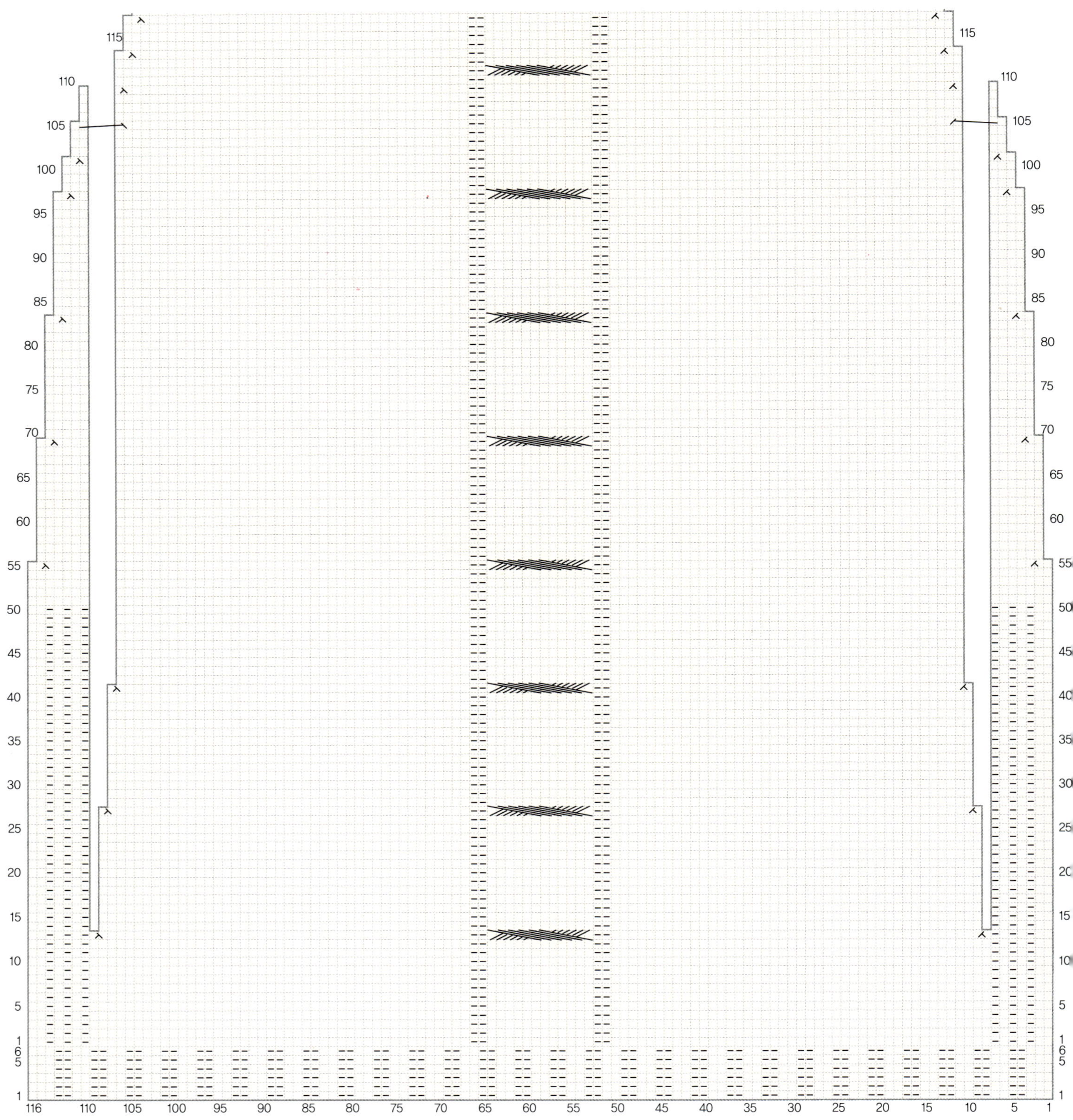

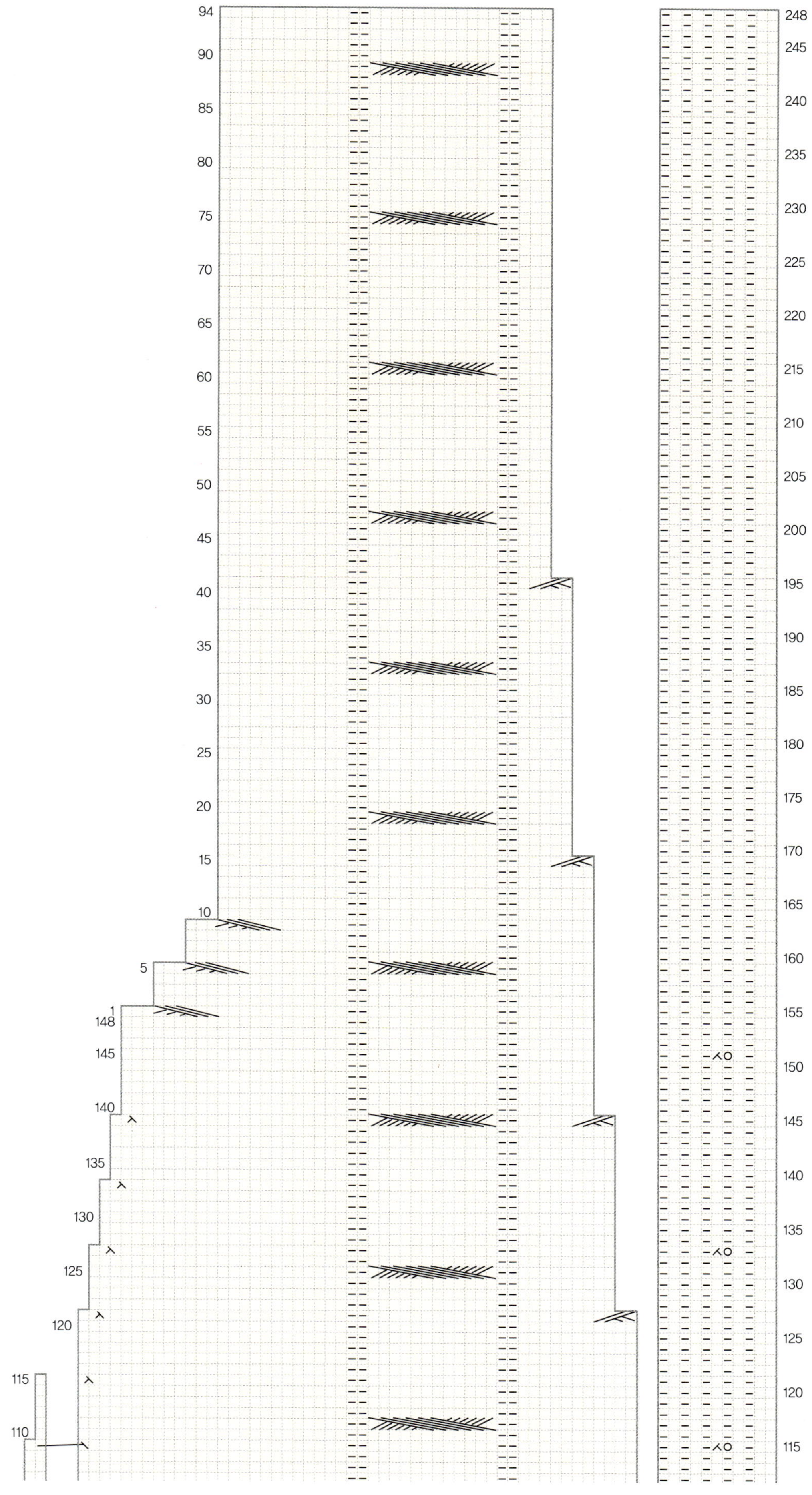

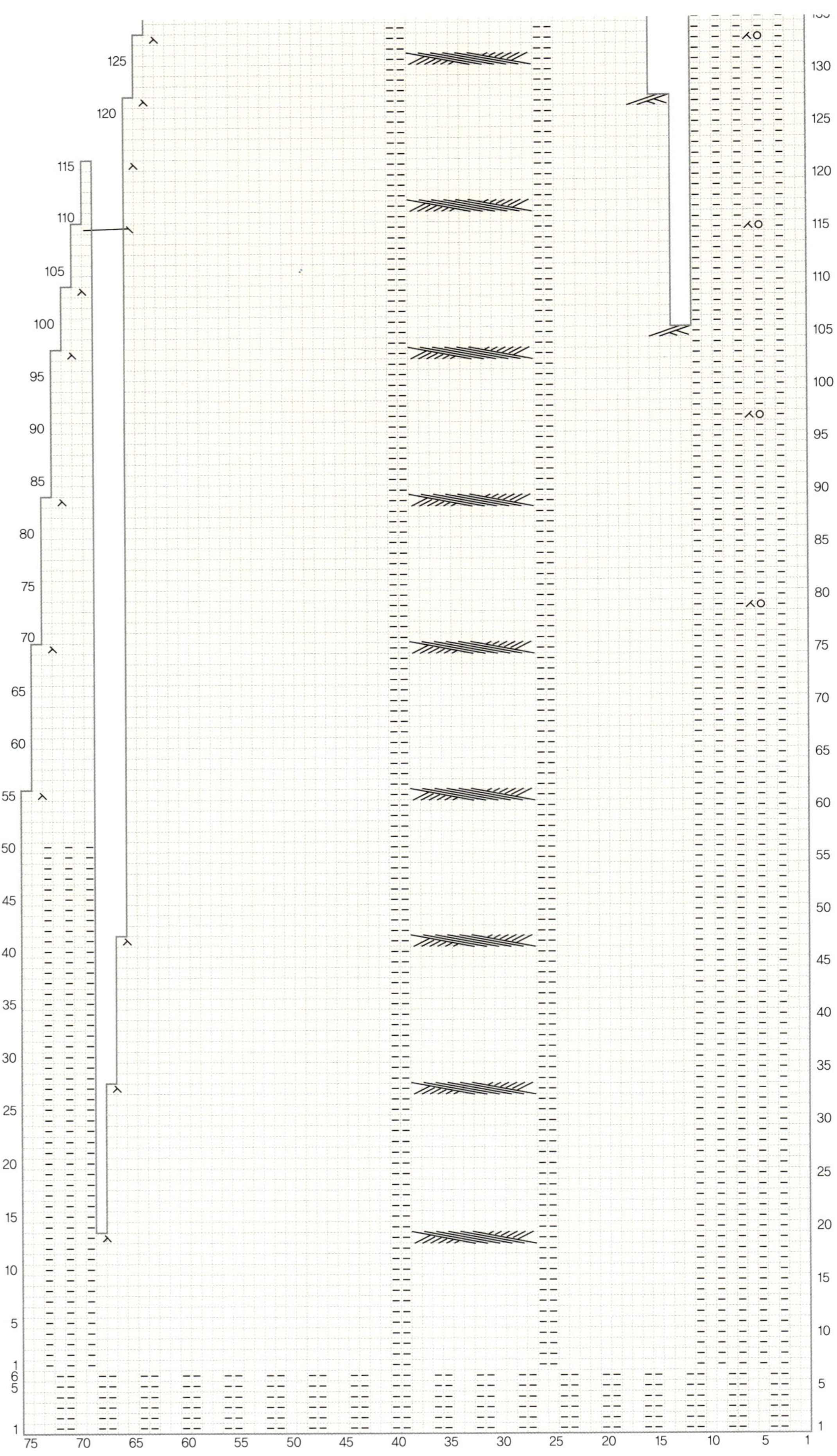

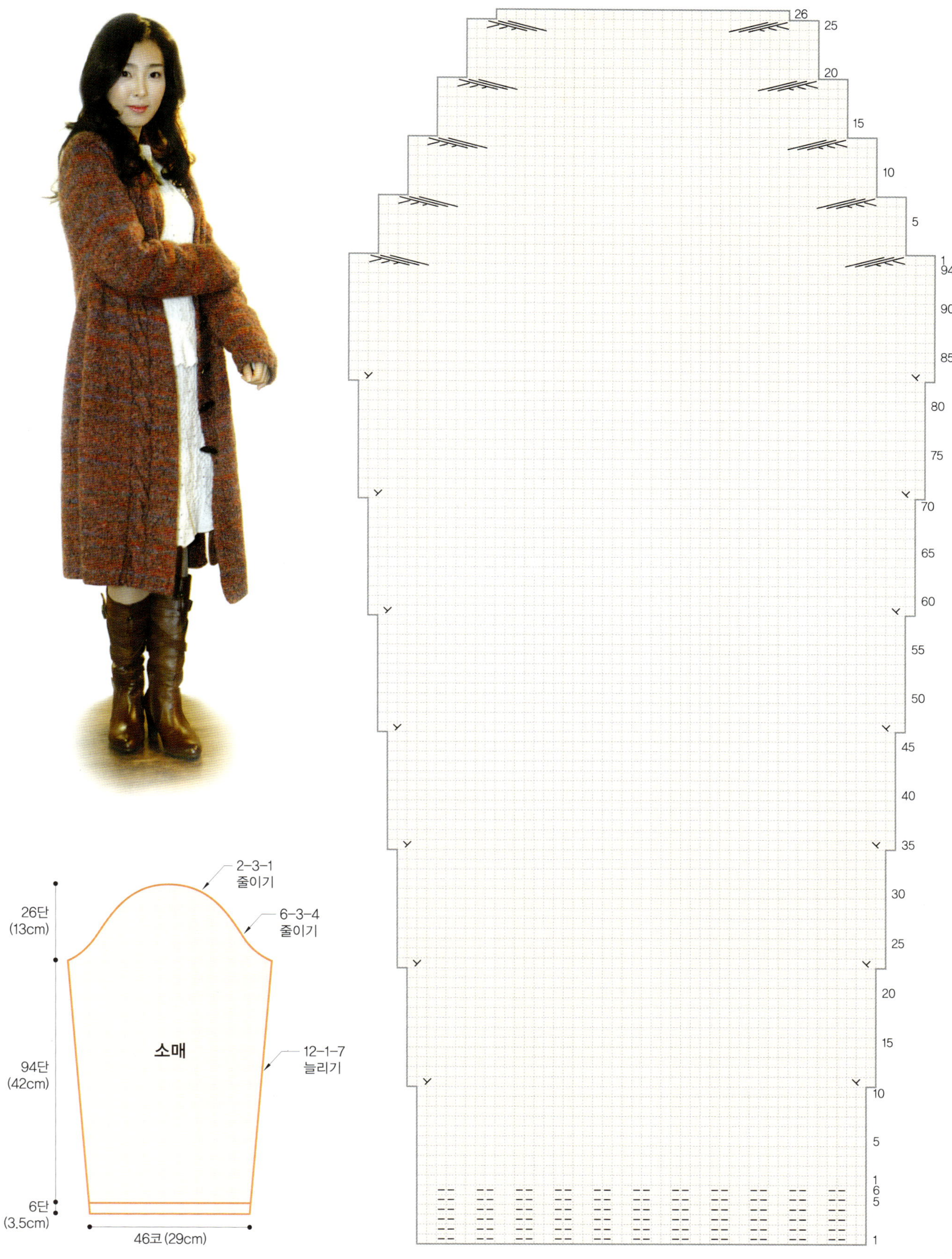
26단
(13cm)

94단
(42cm)

6단
(3.5cm)

2-3-1
줄이기

6-3-4
줄이기

12-1-7
늘리기

소매

46코 (29cm)

6

knitting

보라색 한복

1. 저고리 앞섶과 V넥 (단은 무늬뜨기 E 모티브로 떠서 장식한다.)
2. 치마 어깨끈은 1길긴뜨기로 뜬 후 가장자리는 짧은뜨기 2단 뜬 다음 피코뜨기 1단으로 마무리한다.
3. 치마 무늬뜨기 부분
4. 치마 밑단은 무늬뜨기 C로 장식한다.

【저고리】

1. 은색실로 사슬 289코를 시작코로 무늬뜨기 A 49개로 시작해서 도안 1을 참고하여 양옆 가장자리에 무늬 늘리기를 해주어 13단을 뜨고 나면 앞판은 각 12무늬씩, 뒤판은 27무늬로 나눈다. 앞판은 도안 1을 참고하여 뜬다.

2. 뒤판은 소매둘레 윗부분 28단까지 뜬 다음 앞판 어깨와 붙인다.

3. 앞 중심단과 밑단, 목단까지 연결해 단뜨기를 하는데 578코를 짧은뜨기 1단 뜨고 무늬뜨기 B로 34무늬 만들어 준다.

4. 소매는 소매둘레 부분에 175코를 주어 짧은뜨기 1단 뜨고 무늬뜨기 A 29무늬+1코로 시작해 44단까지 뜬 다음 45단부터는 도안 2를 참고하여 줄여준다.

5. 소매 57단까지 뜬 다음 도안 3을 참고하여 소매단뜨기를 해준다. 소매 옆 솔기는 사슬뜨기로 붙여 완성한다.

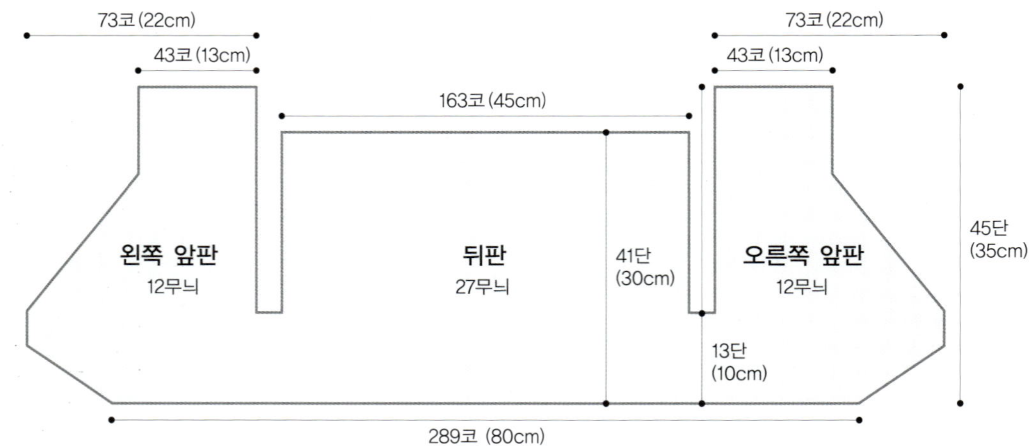

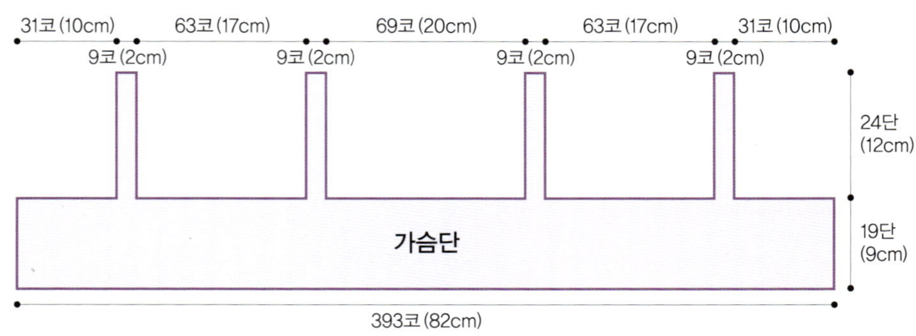

【치마】

① 보라색실로 사슬 325코를 시작코로 무늬뜨기 D 6개를 뜨는데 도안 4를 참고하여 뜨며 11단을 오픈 시켜서 뜬다. 12단부터는 원통뜨기하며 91단까지 뜨고 단뜨기를 한다.

② 단뜨기는 무늬뜨기 C 80무늬로 시작해서 7단 뜨고 마친다.

③ 가슴단은 처음 시작 사슬 부분에서 393코를 주어 짧은뜨기 1단, 긴뜨기 1단을 번갈아뜨면서 19단을 뜬 다음 어깨끈을 뜨는데 도안 5를 참고한다.

④ 어깨끈을 붙인 후 목둘레 부분, 소매둘레 부분은 각각 짧은뜨기 2단을 뜬 뒤 피코뜨기 1단을 떠준 다음 마치고, 뒷부분 오픈된 곳에 지퍼를 달아 마무리한다.

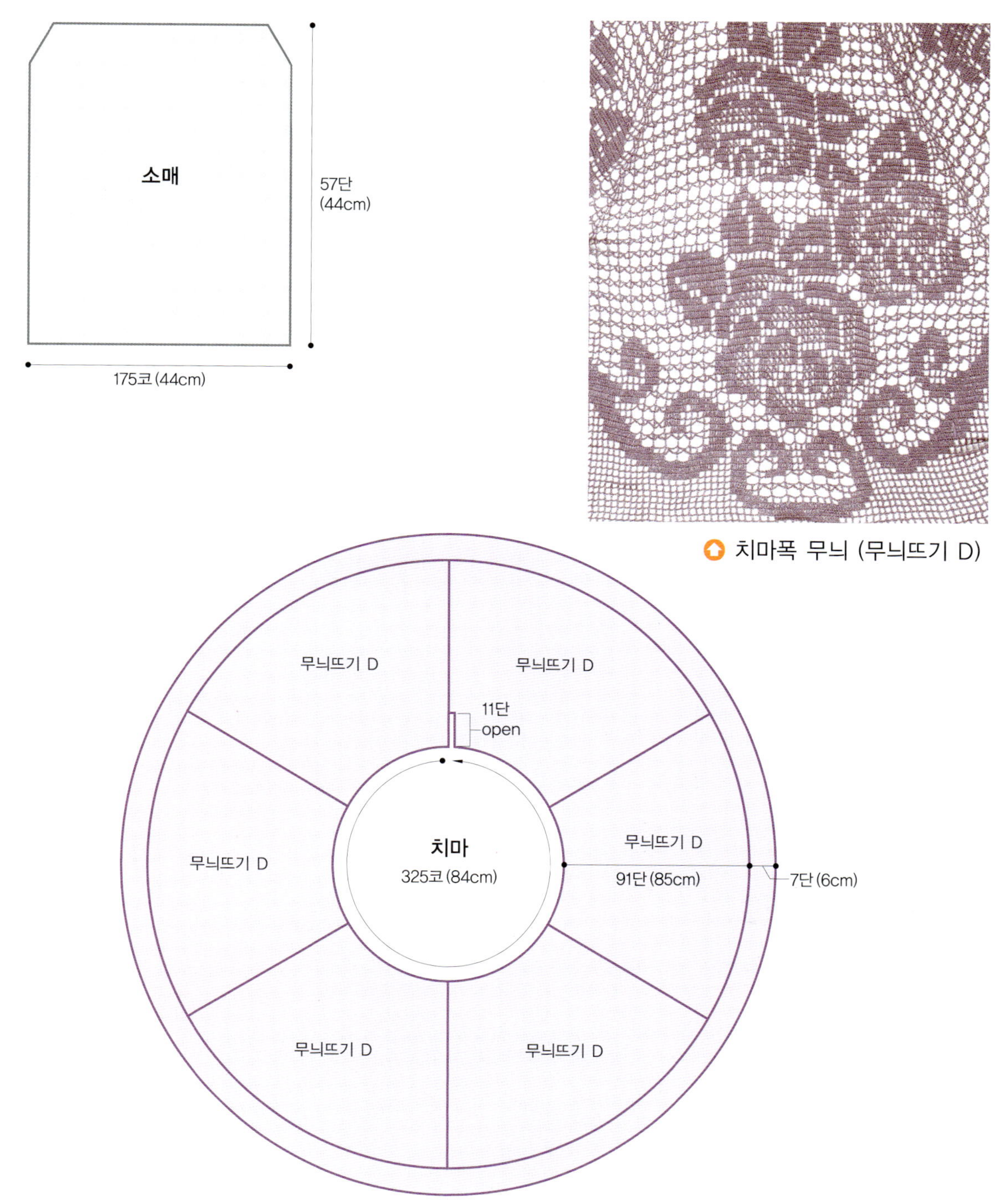

치마폭 무늬 (무늬뜨기 D)

몸 판 (도안 1)

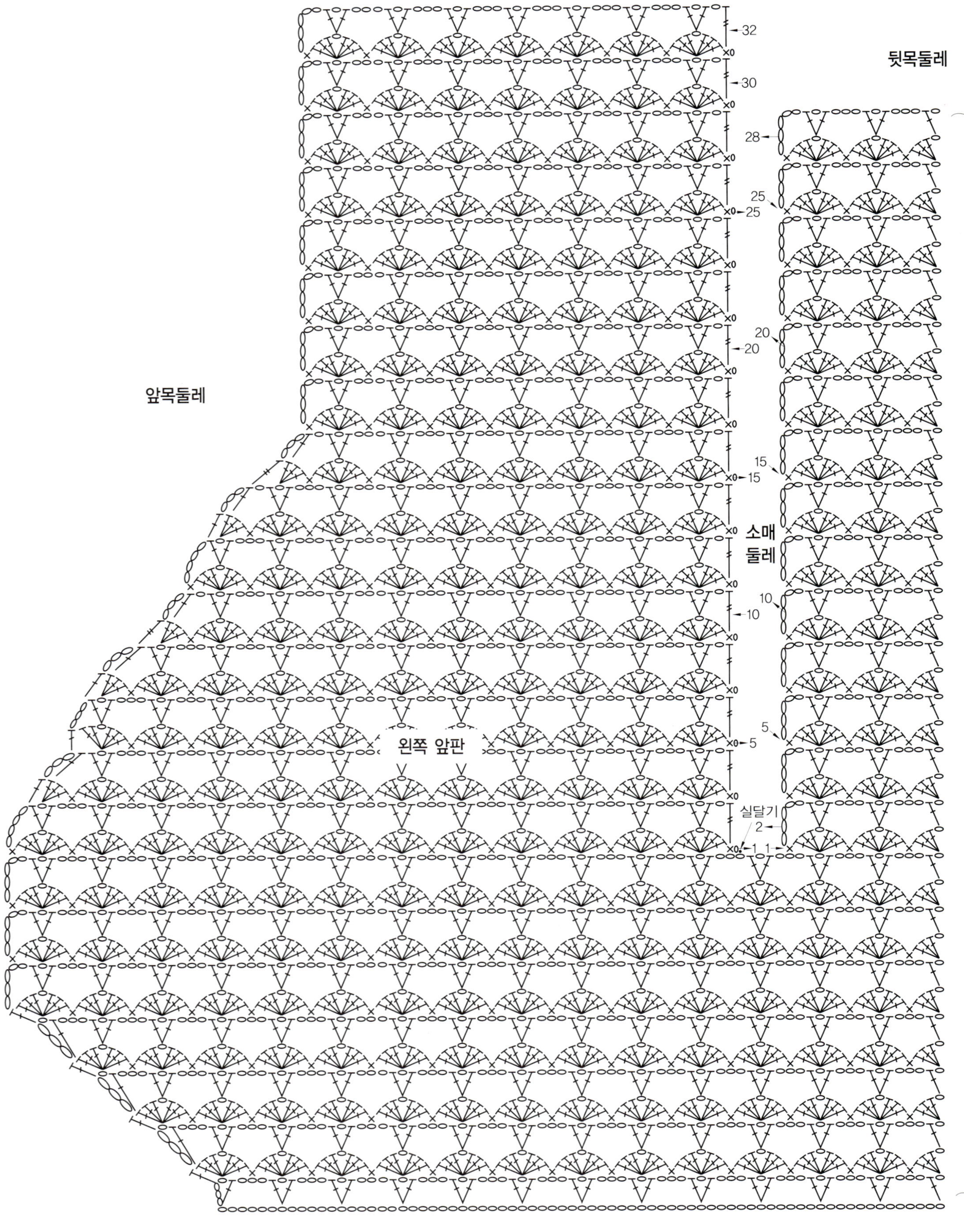
뒷목둘레
앞목둘레
소매
둘레
왼쪽 앞판
실달기
32
30
28
25
25
20
20
15
15
10
10
5
2
1 1

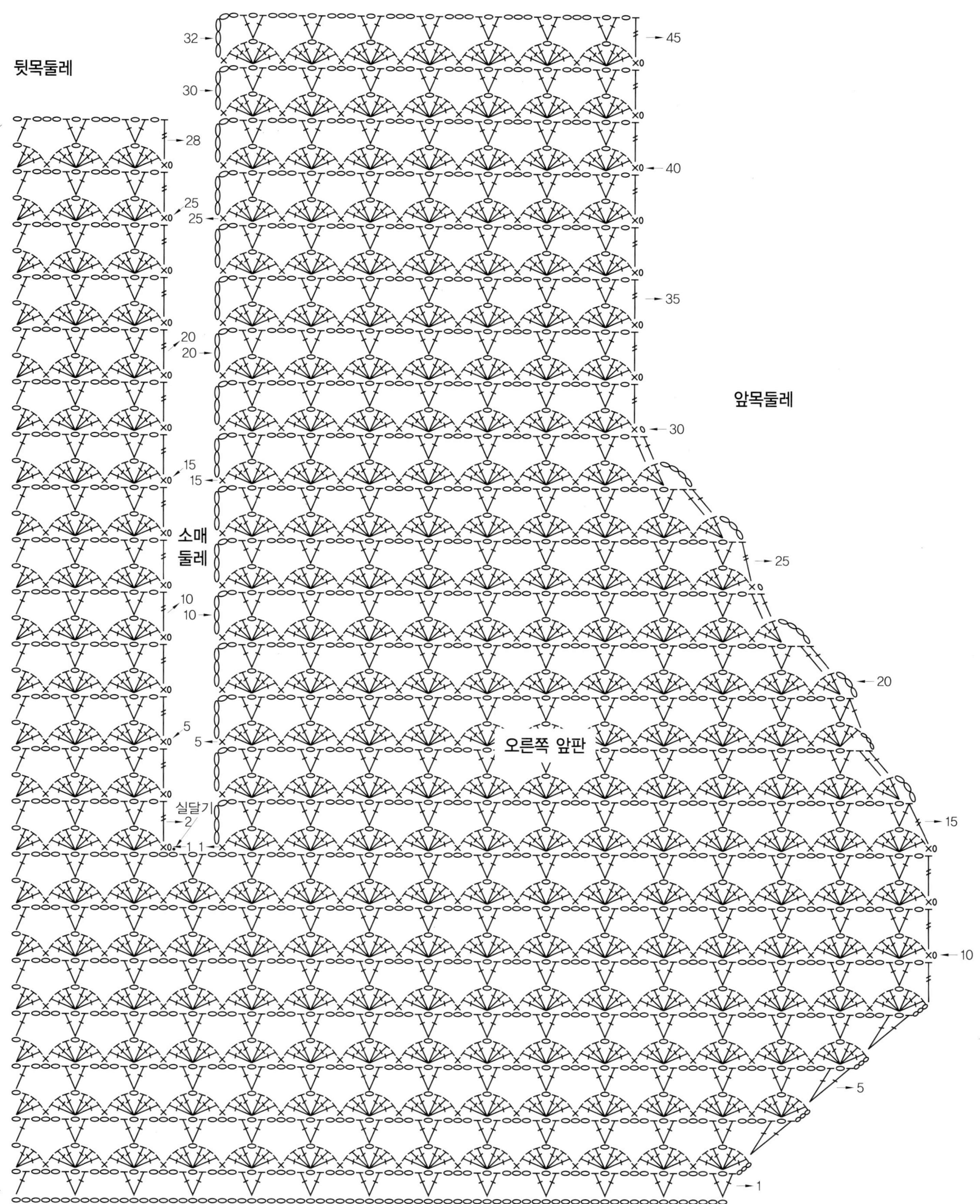

뒷목둘레
앞목둘레
소매
둘레
실달기
오른쪽 앞판

소 매 (도안 2)

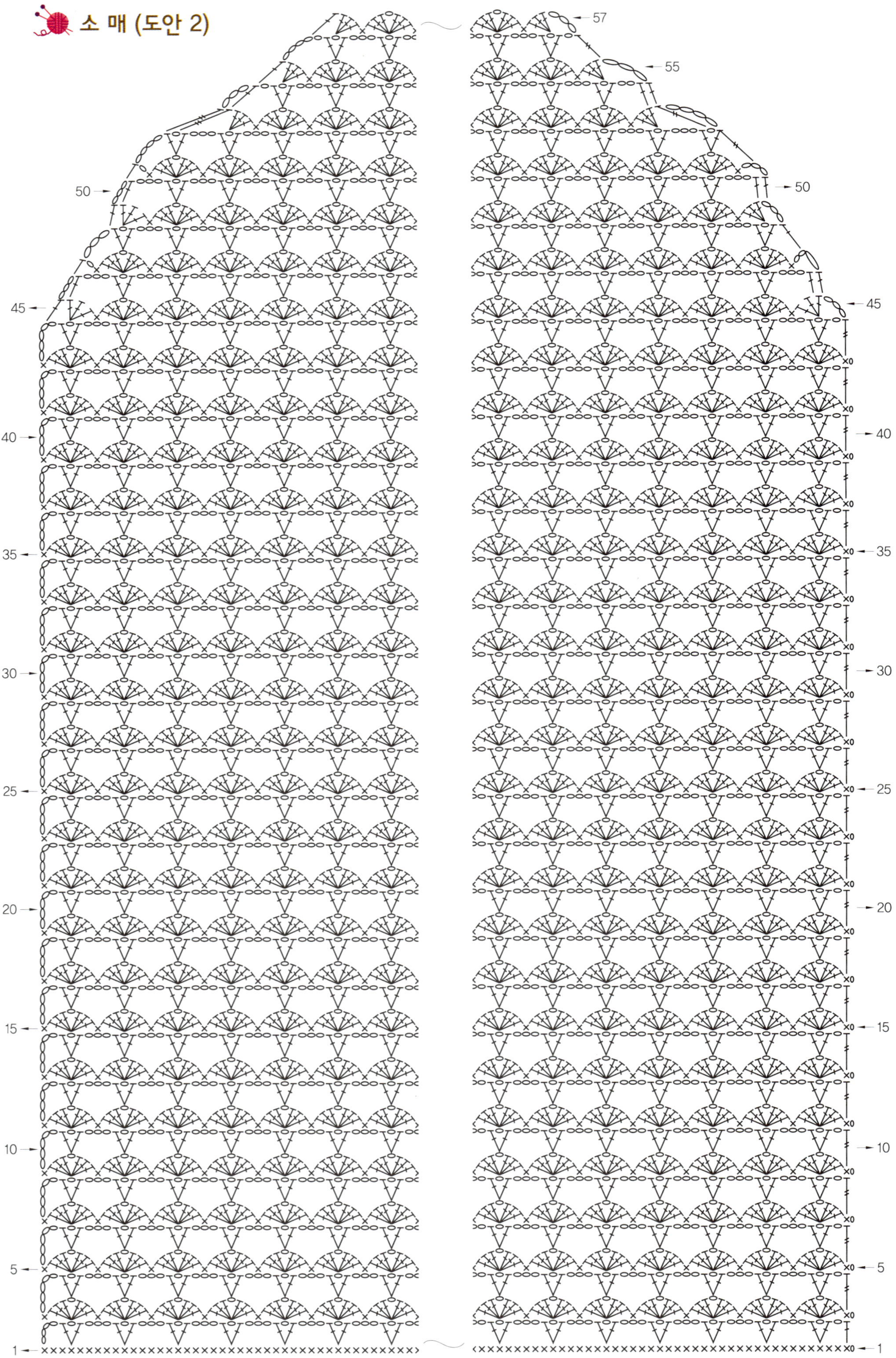

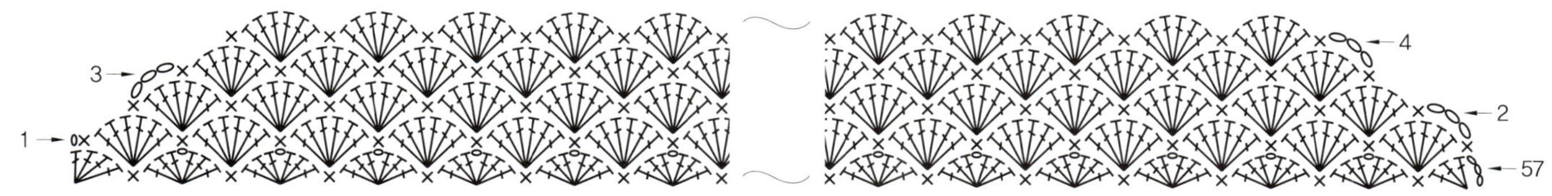

소매단 (도안 3)

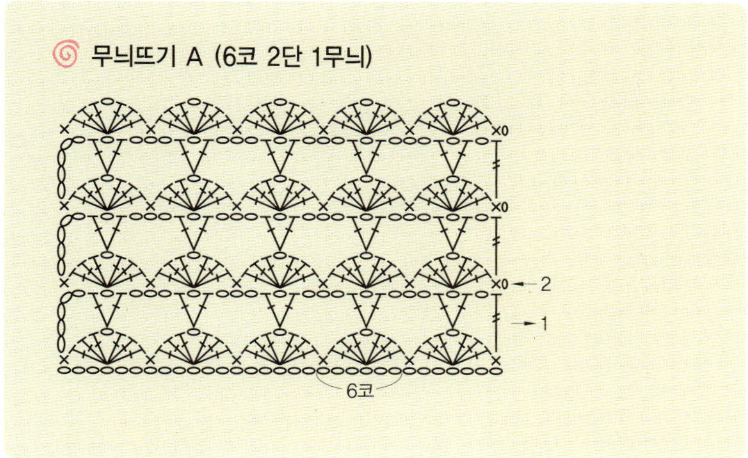
무늬뜨기 A (6코 2단 1무늬)

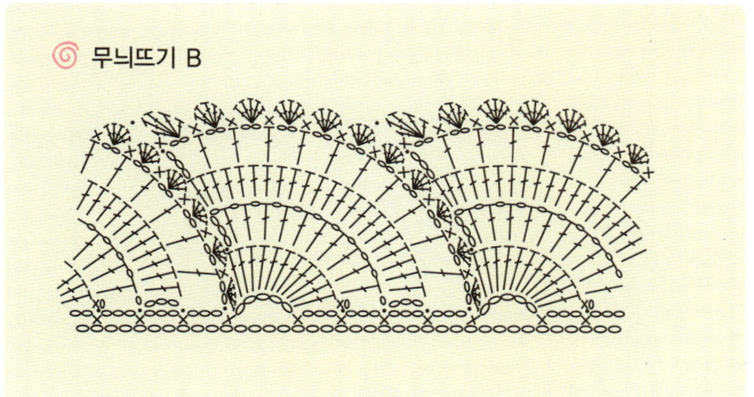
무늬뜨기 B

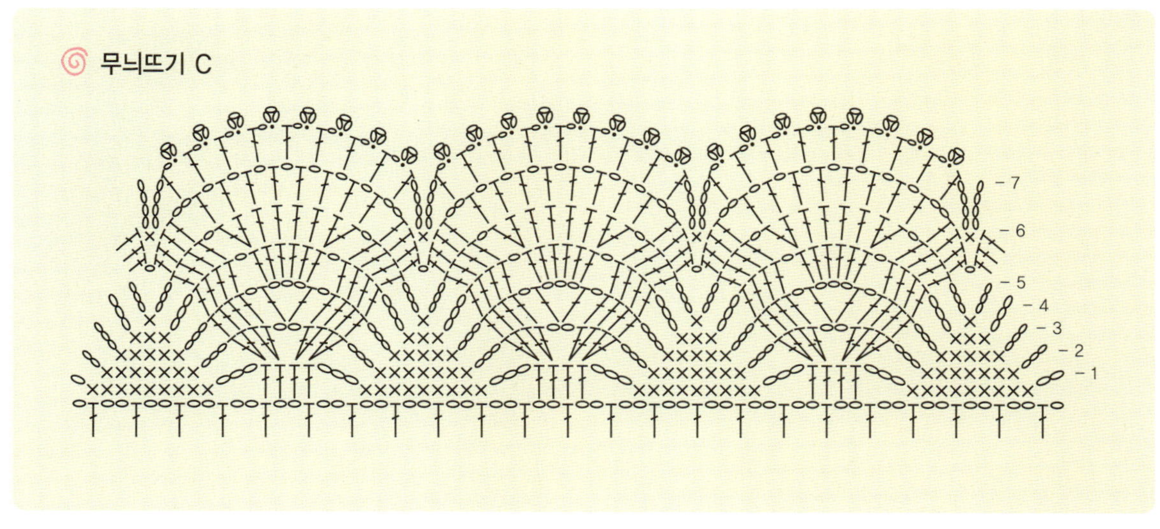
무늬뜨기 C

치 마 (도안 4)

가슴단 (도안 5)

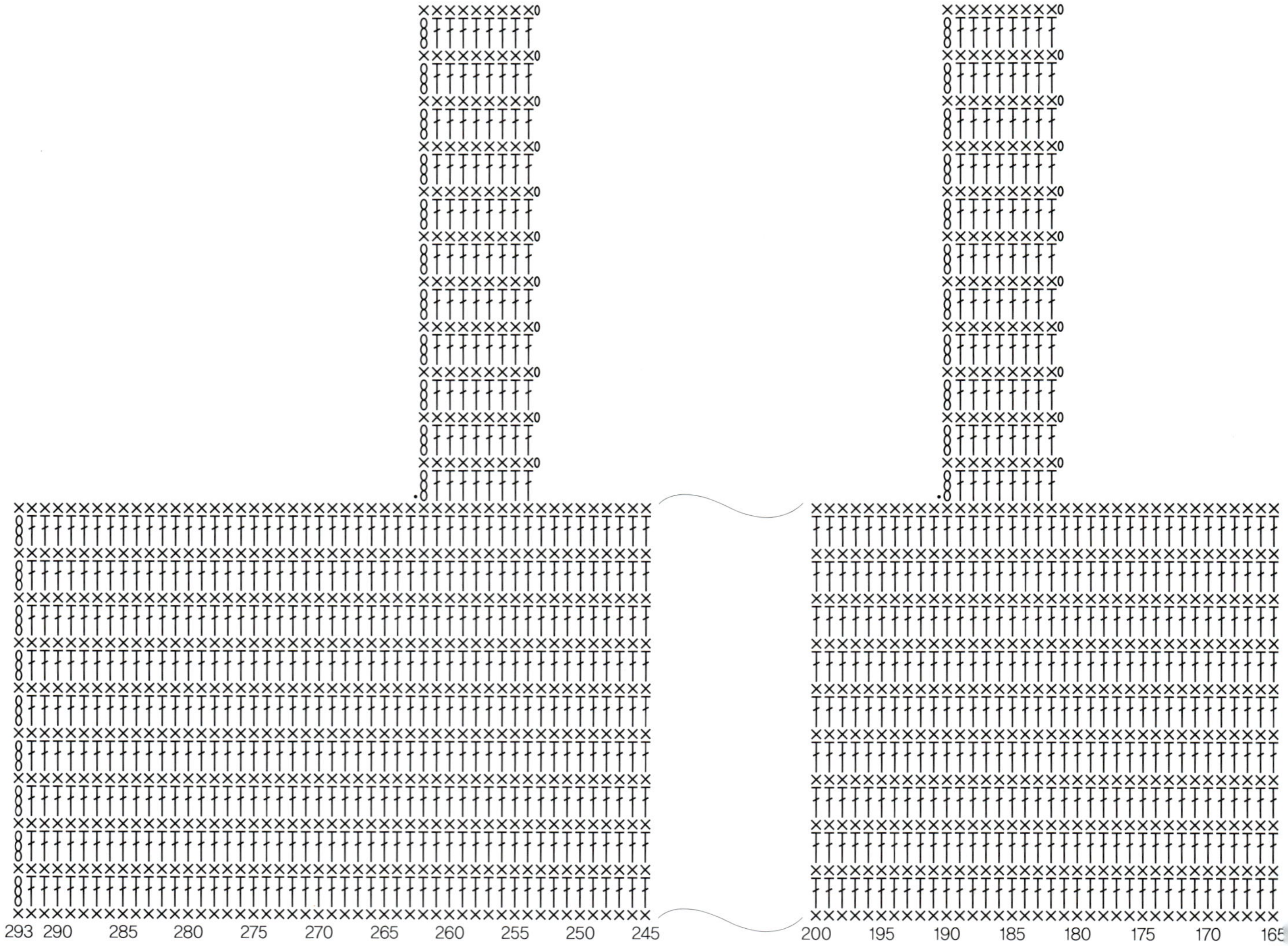

293 290　285　280　275　270　265　260　255　250　245　　200　195　190　185　180　175　170　165

자신의 신체 치수에 맞게 게이지 내는 법

❶ 줄자로 가슴둘레, 엉덩이둘레, 어깨너비, 소매길이, 옷길이를 잰다.

❷ 뜨고자하는 무늬를 사방 10㎠로 뜨고 무늬 수에 해당하는 콧수와 단수를 샌다. 코바늘은 스팀
다림질하여 늘어날 것을 감안하기 위해 게이지뜨기할 때 스팀다림질한 치수도 잰다.

❸ 줄자로 잰 신체치수에 앞, 뒤판 각각에 4cm씩 여유분을 더한다.

❹ 옷길이와 소매길이는 여유분을 주지 않고 줄자로 잰 치수 그대로 뜬다.

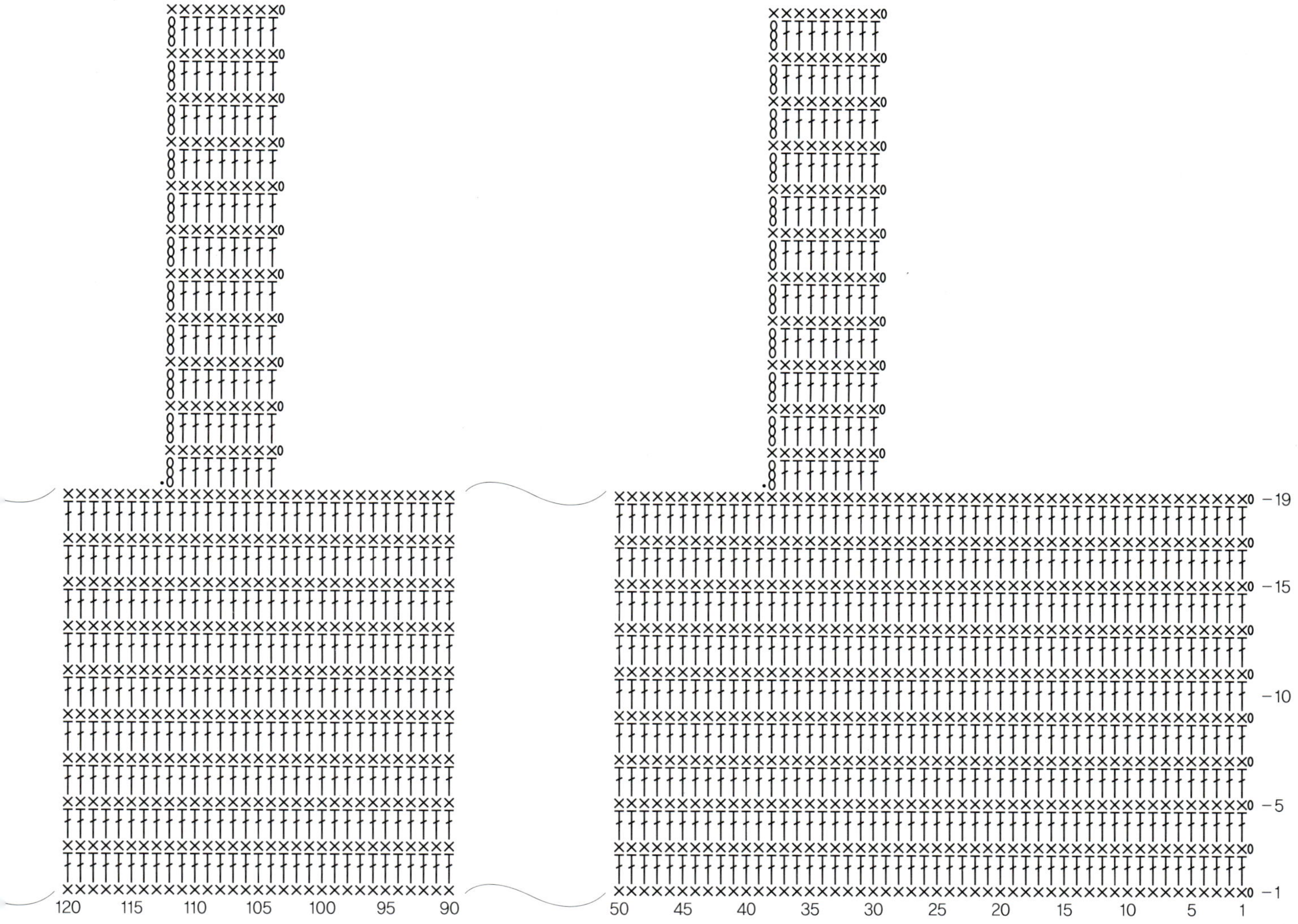
120 115 110 105 100 95 90
50 45 40 35 30 25 20 15 10 5 1
19
15
10
5
1

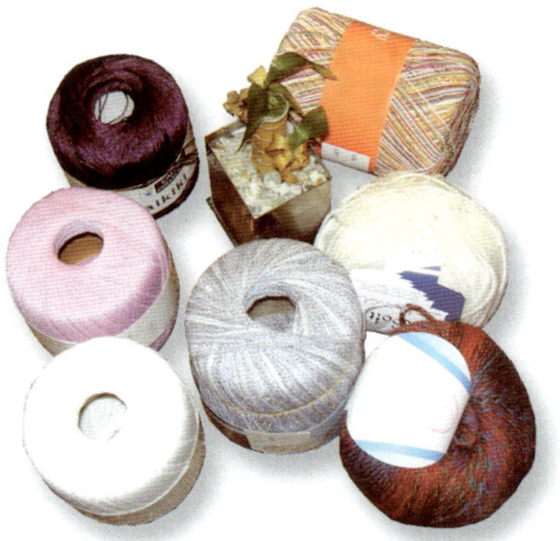

7 검정색 롱 드레스

1. 앞목둘레는 무늬뜨기 B로 떠서 마무리한다.
2. 뒷목둘레는 앞목과 연결해 무늬뜨기 B로 떠서 마무리한다.
3. 스커트 뒤트임은 밑단과 연결해 무늬뜨기 B로 뜬다.
4. 몸판 무늬뜨기 A 부분

검정색 롱 드레스

완성 치수

66 size

재료와 도구

실　썸머울(검정색)

바늘　코바늘 2호

부속품　지퍼 1개

① 사슬 323코를 만들어 무늬뜨기 A 23무늬＋1코로 시작해서 32단까지 뜨고 33단째 원통으로 이어 원통뜨기로 66단까지 뜬 다음 앞판 12무늬, 뒤판 11무늬가 되게 나누는데 뒤트임은 뒤판 중심에 가도록 한다.

② 67단째부터는 양쪽 옆 솔기 부분을 도안 3을 참고하여 무늬 줄이기를 해서 허리선을 만든다.

③ 70단째부터는 뒤트임을 중심으로 트임을 주어 지퍼 달 곳을 만든다.

④ 106단째까지 뜨고 나면 양쪽 옆 솔기를 중심으로 소매둘레를 만드는데 도안 4를 참고한다.

⑤ 111단째는 뒷목둘레를 만드는데 도안 5를 참고한다.

⑥ 118단째는 앞목둘레를 만드는데 도안 6을 참고한다.

⑦ 몸판이 완성되면 양 어깨를 붙여준다.

⑧ 목둘레는 205코를 주어 짧은뜨기 1단을 뜬 다음 무늬뜨기 17무늬 3단을 뜨고 마무리한다.

⑨ 지퍼 달 곳은 214코를 짧은뜨기 2단 뜨고 피코뜨기 1단 떠서 마친다.

⑩ 치마 뒤트임 끝점에서 시작해 밑단에서 다시 끝점까지 445코를 짧은뜨기 1단 뜨고, 무늬뜨기 B 37단＋1코 3단을 장식뜨기한 다음 끝점에 무늬를 붙여 고정한다.

⑪ 소매단은 114코를 짧은뜨기 1단 뜬 다음 무늬뜨기 C 38무늬 1단을 뜨고 마무리한다.

⑫ 뒤판에 지퍼를 달아 완성한다.

무늬뜨기 B (12코 3단 1무늬)

무늬뜨기 C (3코 1단 1무늬)

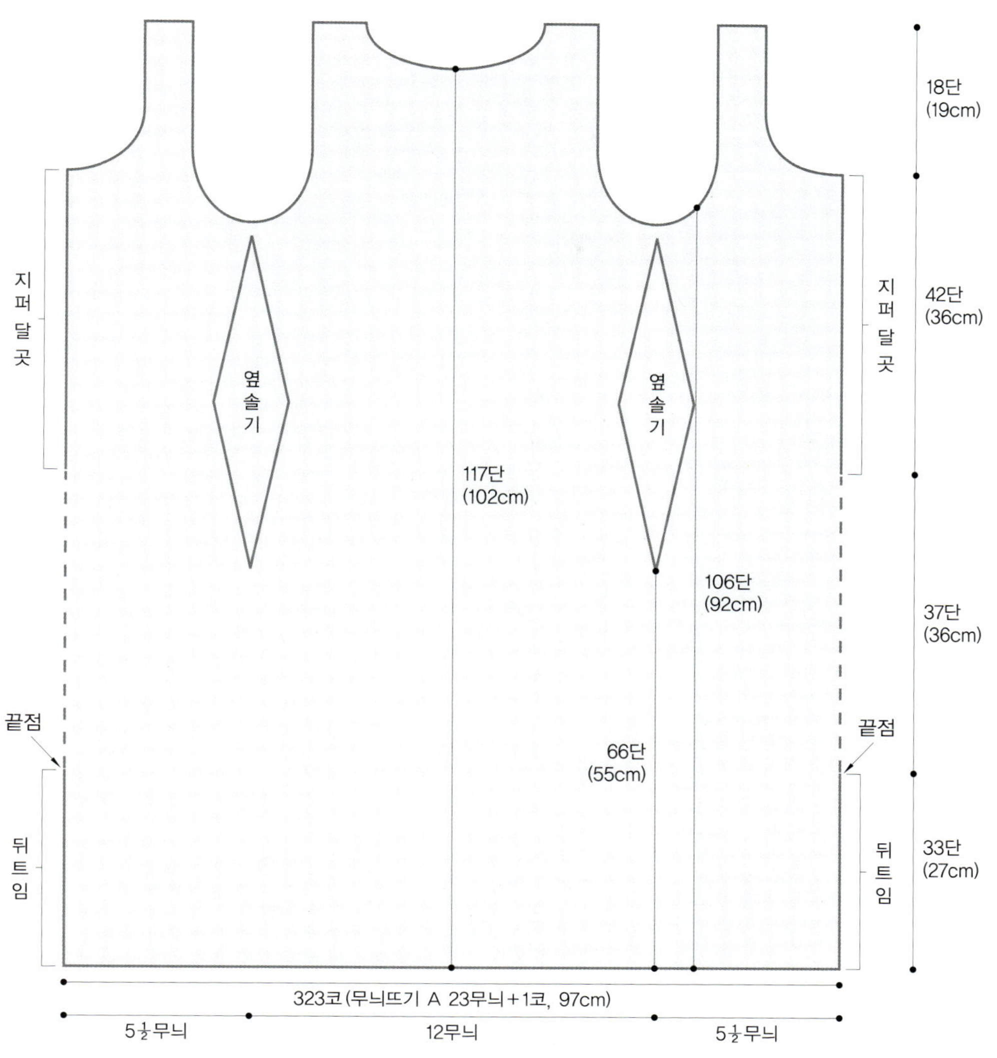

지퍼 달 곳
지퍼 달 곳
18단 (19cm)
42단 (36cm)
37단 (36cm)
33단 (27cm)
옆솔기
옆솔기
117단 (102cm)
106단 (92cm)
66단 (55cm)
끝점
끝점
뒤트임
뒤트임
323코 (무늬뜨기 A 23무늬＋1코, 97cm)
5½무늬
12무늬
5½무늬

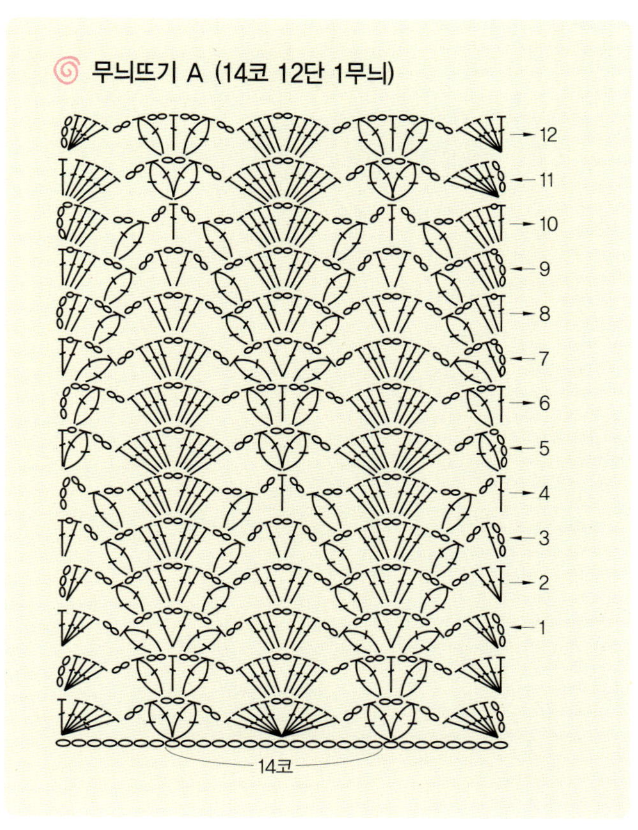

무늬뜨기 A (14코 12단 1무늬)
12
11
10
9
8
7
6
5
4
3
2
1
14코

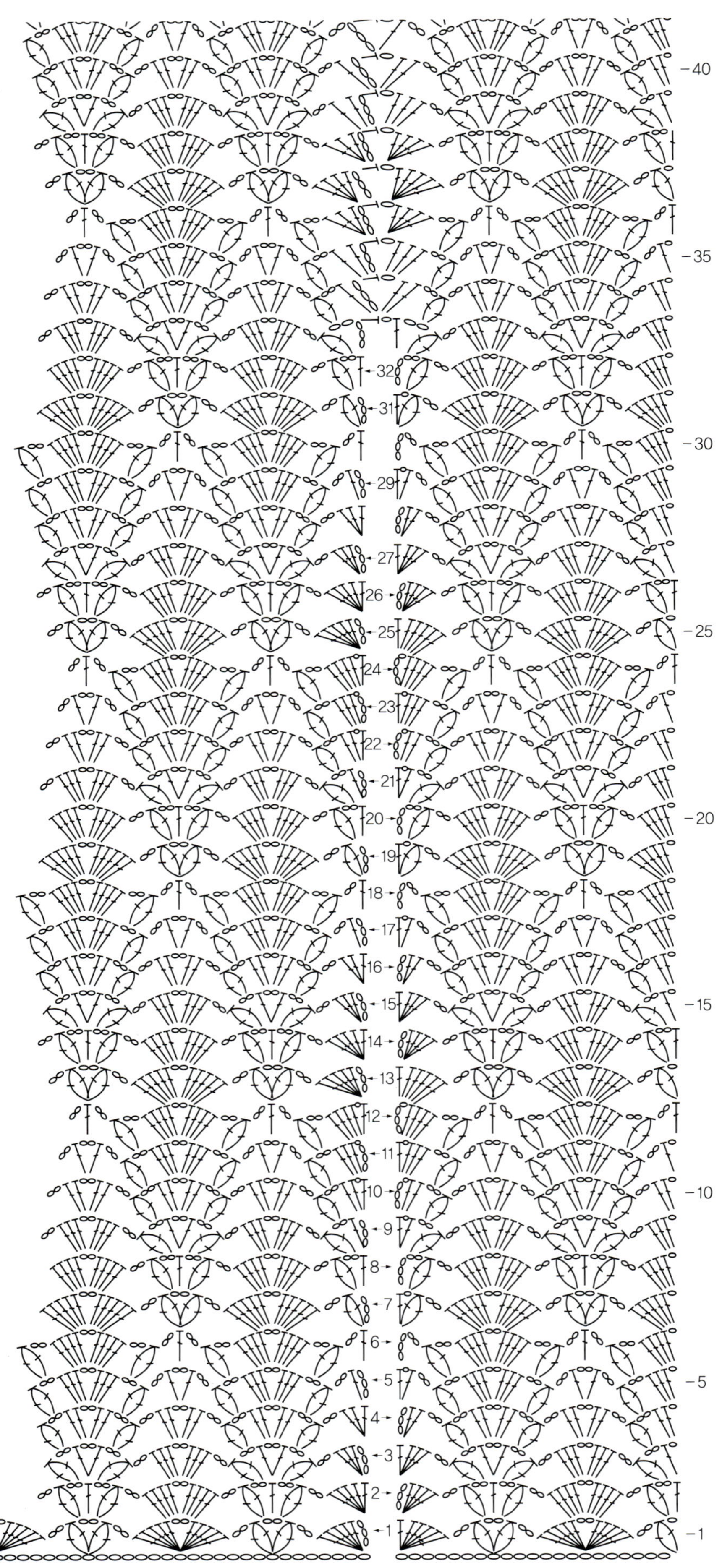

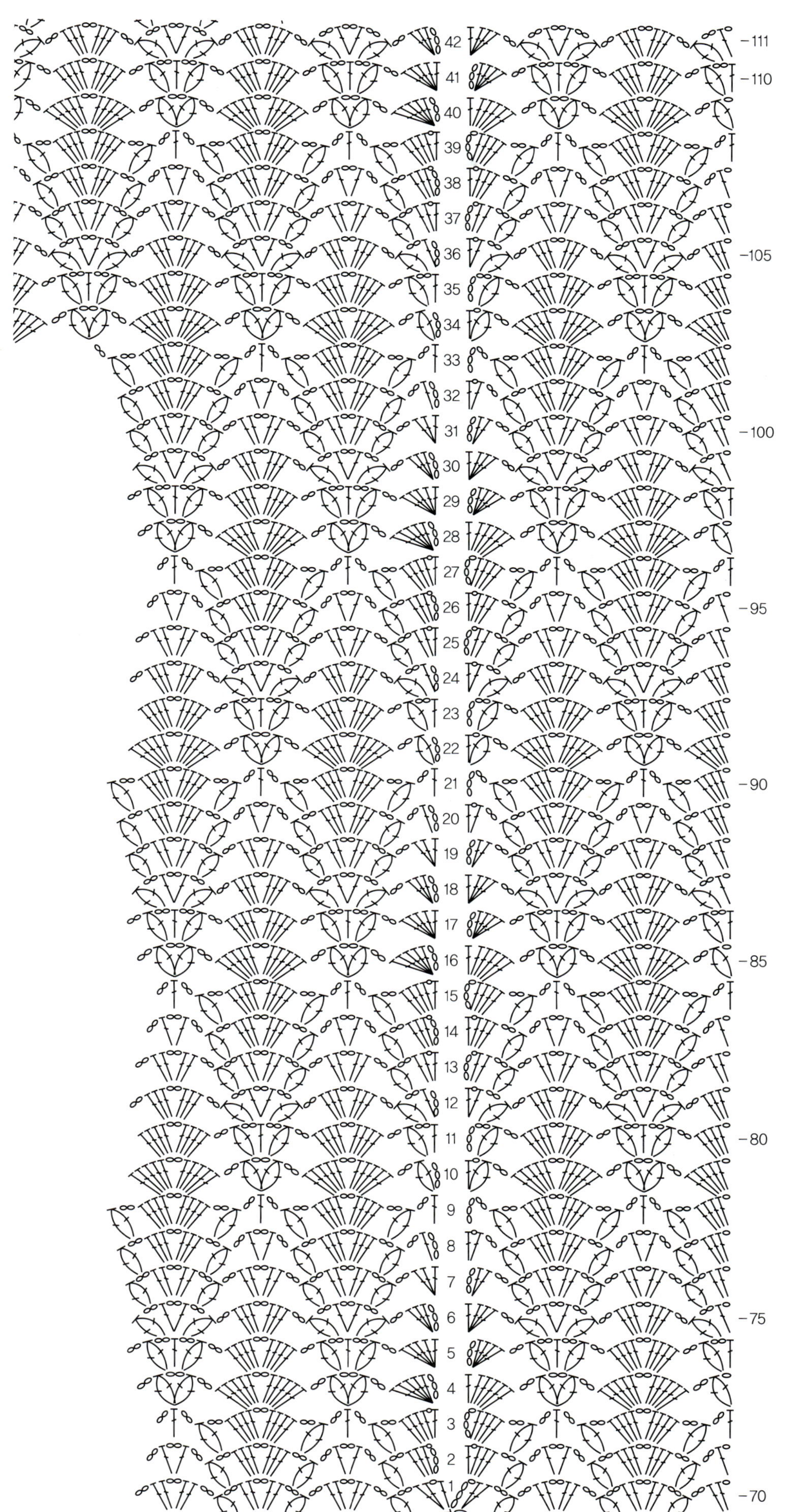

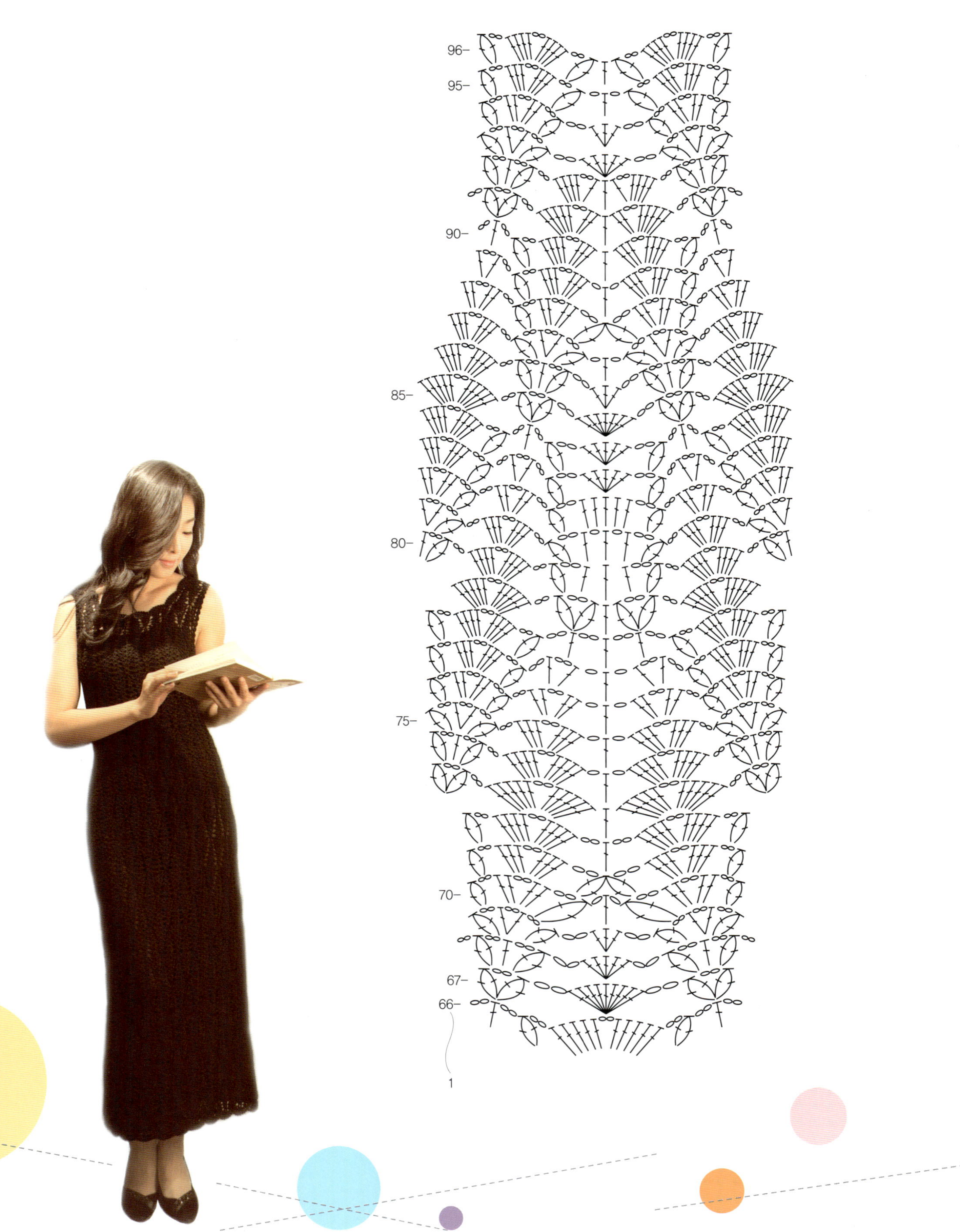

96
95
90
85
80
75
70
67
66
1

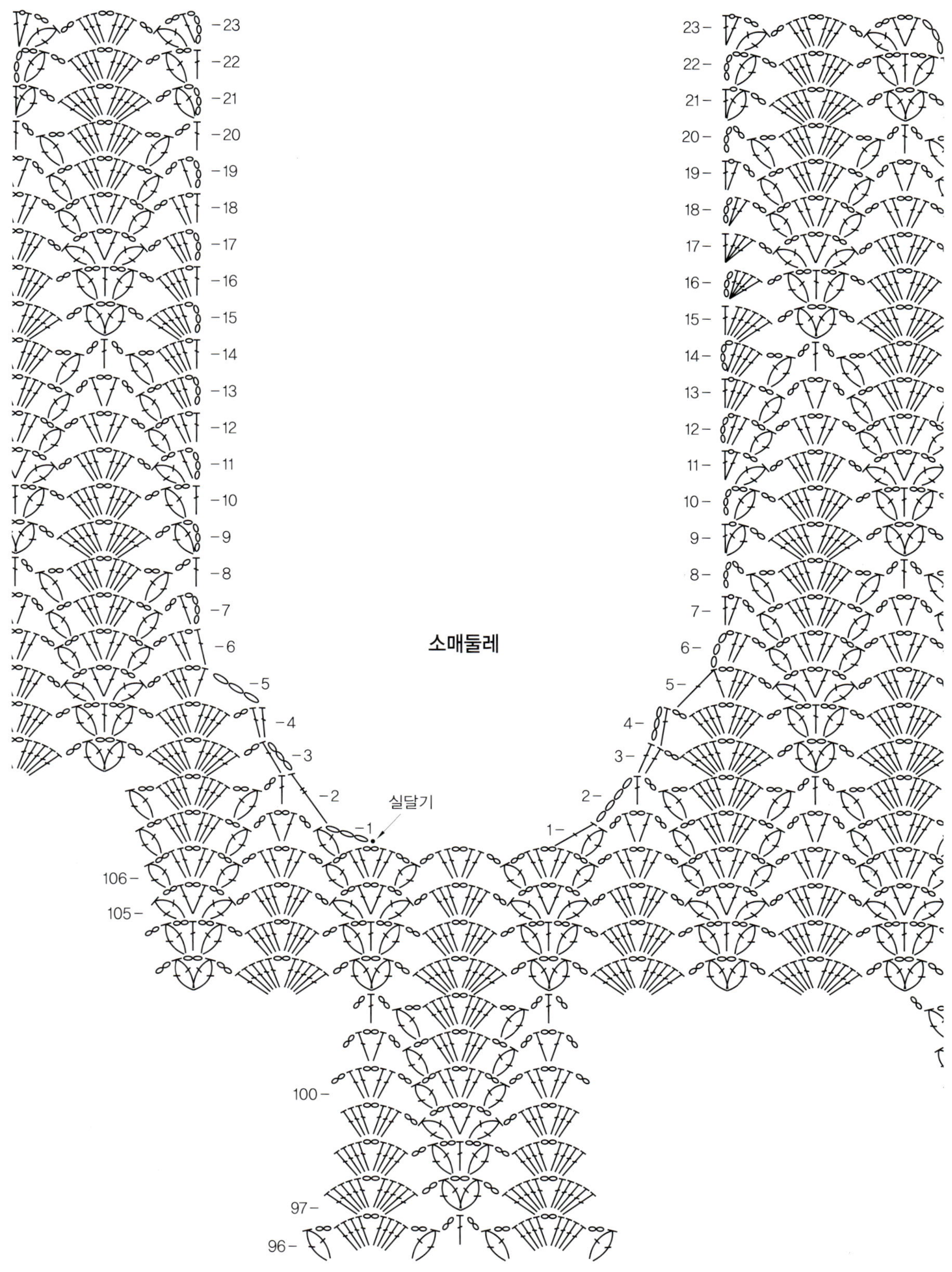
소매둘레
실달기

뒷목둘레 (도안 5)

23
22
21
20
19
18
17
16
15
14
13
12
11
10
9
8
7
6
5
4
3
2
1
18
17
16
15
14
13
12
11
10
9
8
7
6
5
4
3
2
1
뒷목둘레
42
41
40
39
38
37
36
35
34
111
110
105

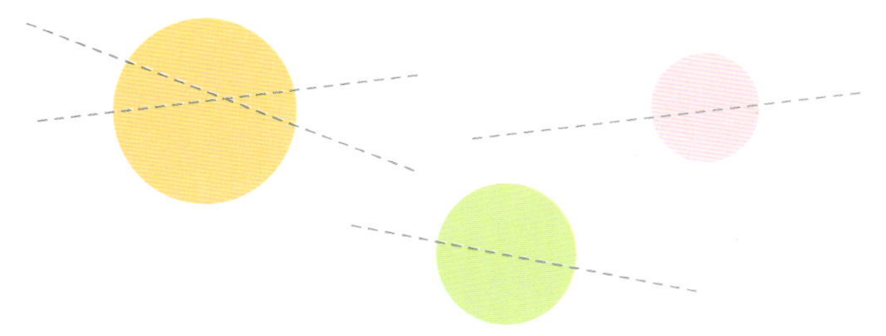

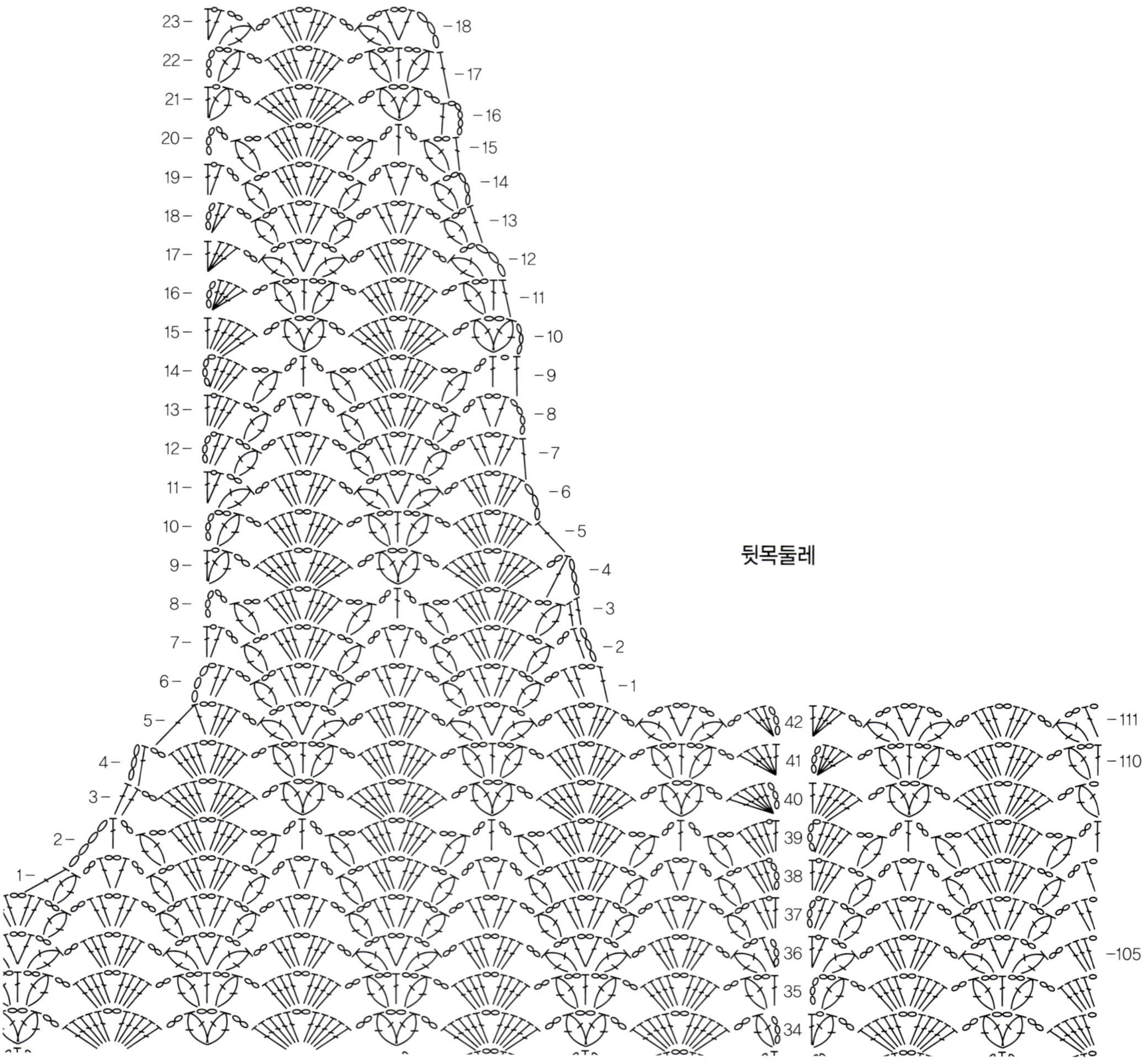

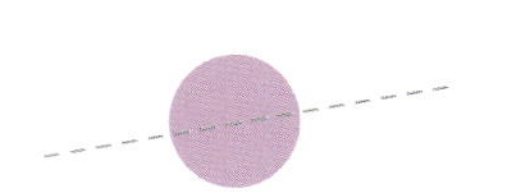

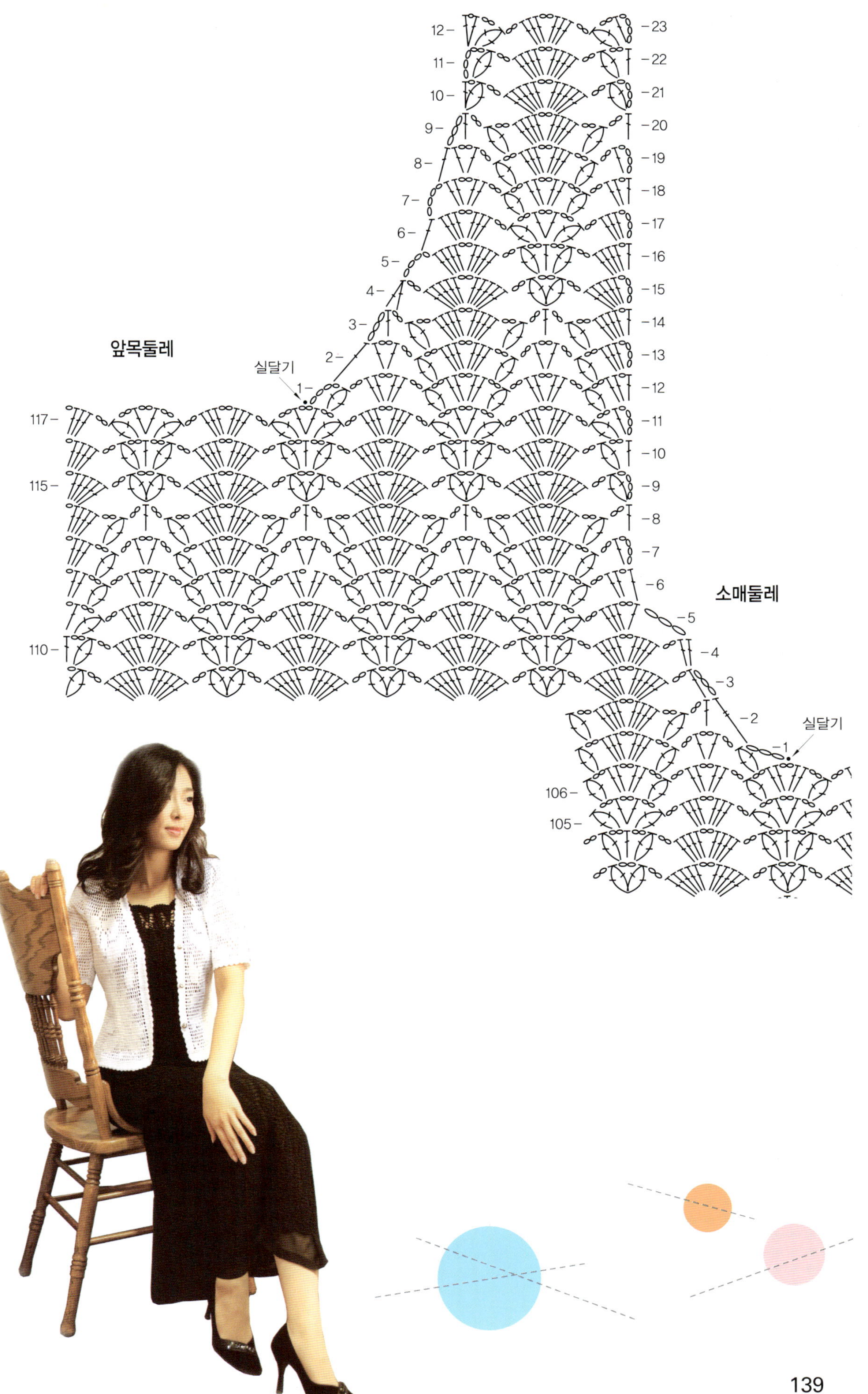

139

8 흰색 재킷

1. V넥 칼라는 짧은뜨기 후 무늬뜨기 A로 장식 마무리한다.
2. 앞 중심단은 짧은뜨기로 뜬 후 사슬뜨기로 단추구멍을 만든다.
3. 소매 밑단은 짧은뜨기한 후 무늬뜨기 A로 장식 마무리한다.
4. 몸판 무늬뜨기 부분

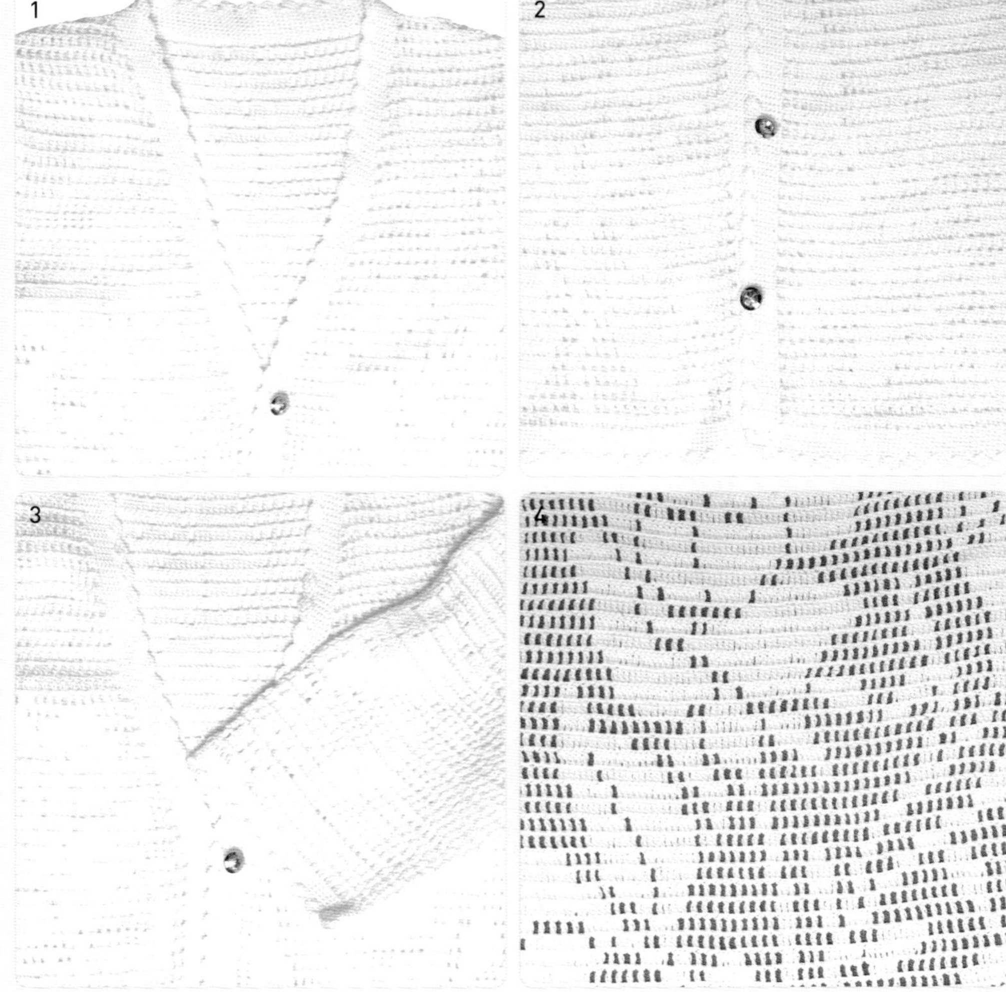

완성 치수

66 size

재료와 도구

실	올림푸스(흰색)
바늘	코바늘 2호

뜨는 방법

① 뒤판은 사슬 157코를 만들어 도안 2을 참고하여 무늬뜨기를 한다.

② 앞판은 사슬 79코를 만들어 도안 1를 참고하여 오른쪽 앞판을 뜨고 왼쪽 앞판은 오른쪽 앞판의 무늬를 마주보게 뜬다.

③ 몸판이 완성되면 옆 솔기와 어깨를 붙여주고, 밑단과 앞 중심단, 목단까지 원통으로 짧은뜨기 5단을 뜨고 무늬뜨기 A로 장식 마무리 한다.

④ 소매는 사슬 93코 만들어 도안 3을 참고하여 오른쪽 소매를 뜨고, 왼쪽 소매는 오른쪽 소매의 무늬를 마주보게 뜬다.

⑤ 소매 밑단도 짧은뜨기 5단을 원통뜨기한 다음 무늬뜨기 A로 장식 마무리한 후 몸판에 달아 완성한다.

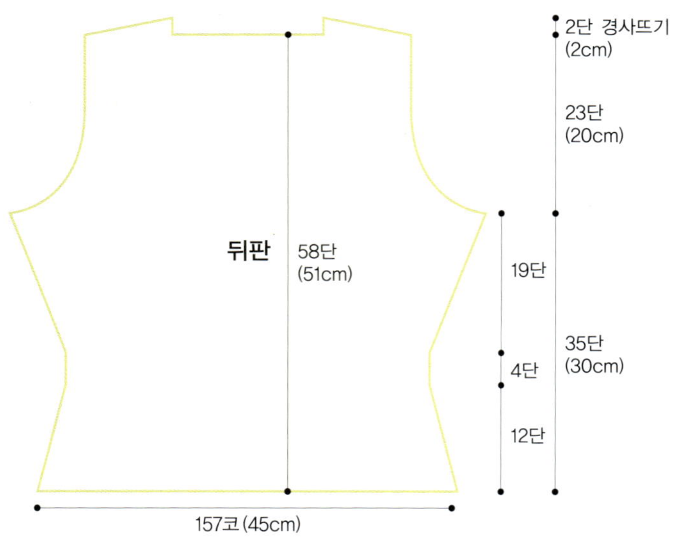

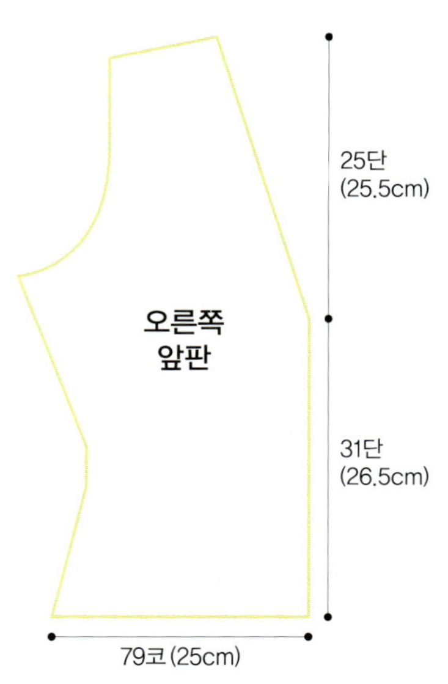

무늬뜨기 A (3코 1단 1무늬)

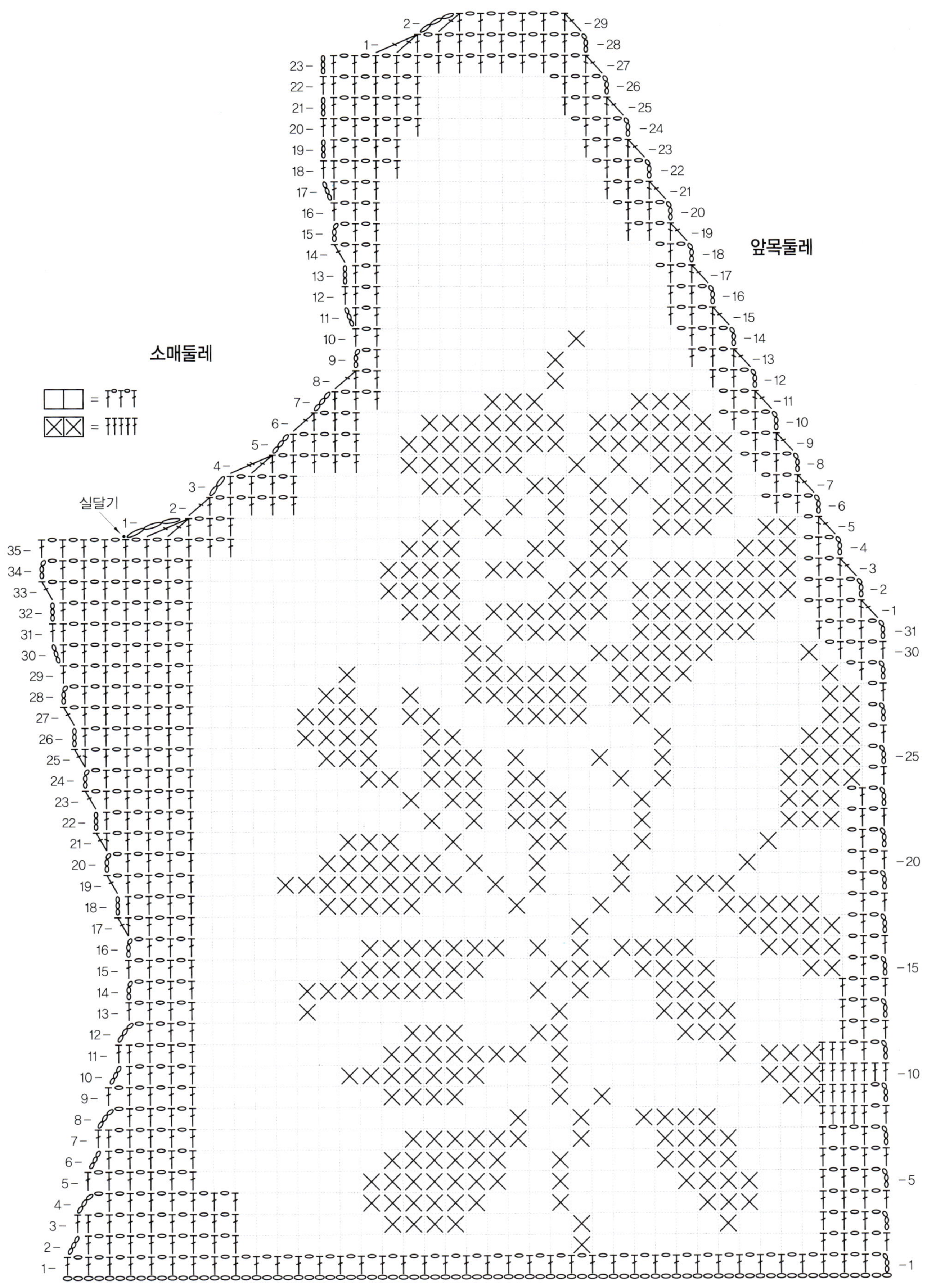

143

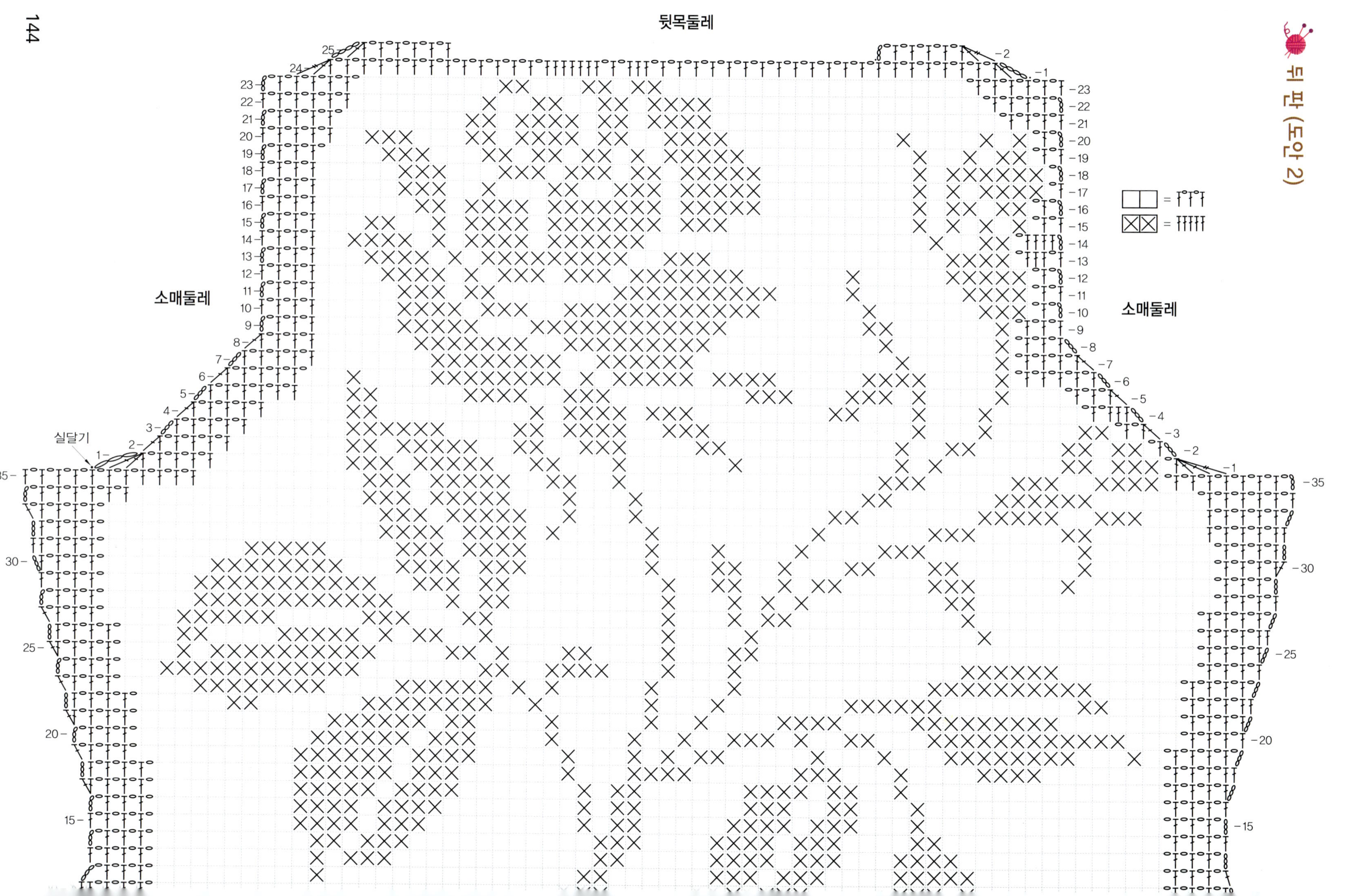

144

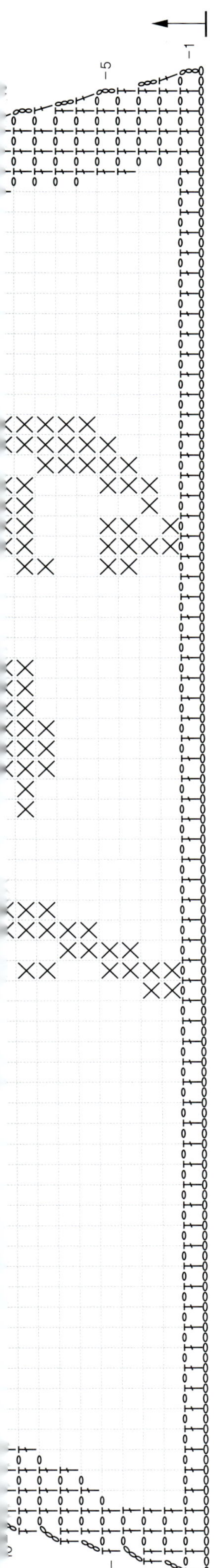

소 매 (도안 3)

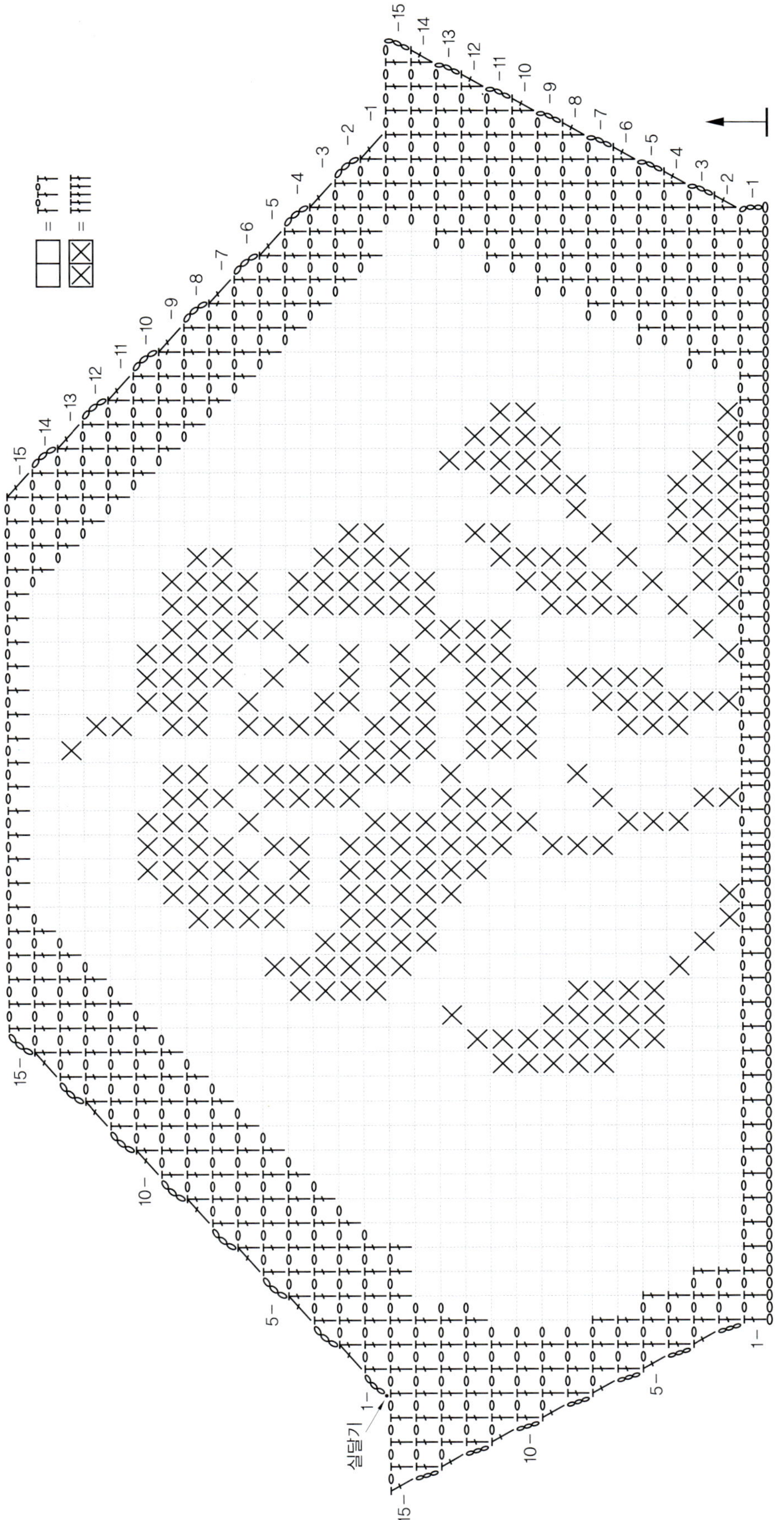

정장 & 캐주얼 패션 손뜨개

2008년 2월 20일 1판 1쇄
2012년 4월 25일 1판 3쇄

저자 : 임현지
펴낸이 : 남상호

펴낸곳 : 도서출판 **예신**
www.yesin.co.kr

140-896 서울시 용산구 효창원로 64길 6
대표전화 : 704-4233, 팩스 : 335-1986
등록번호 : 제03-01365호(2002. 4. 18)

값 14,000원

ISBN : 978-89-5649-059-5

FASHION
HAND KNIT